会 讲 故 事 的 童 书

奇妙的节肢动物

当心我厉害的样子

〔澳〕蒂姆·弗兰纳里（Tim Flannery）
〔澳〕埃玛·弗兰纳里（Emma Flannery） 一著
〔澳〕杰茜·薇洛·塔克（Jessie Willow Tucker）一绘
鲁军虎 一译

光明日报出版社

目录

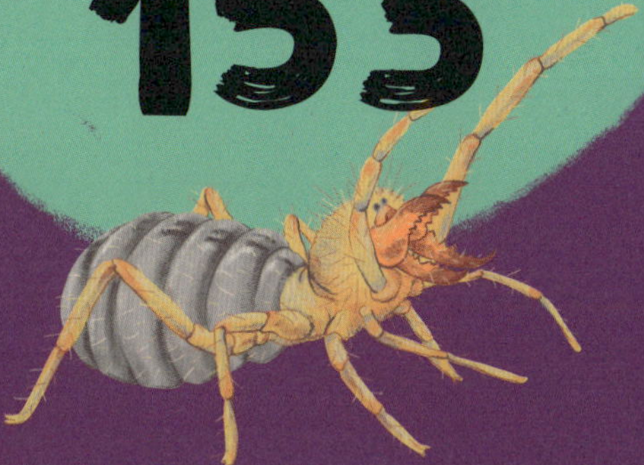

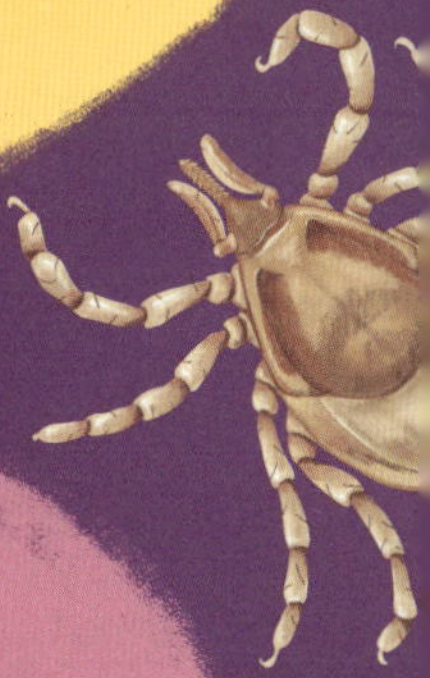

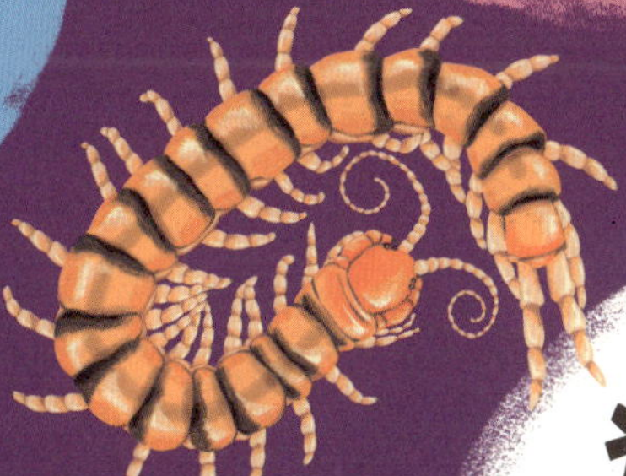

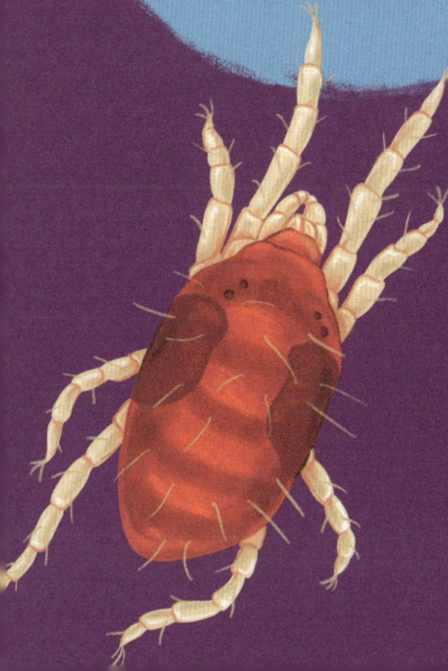

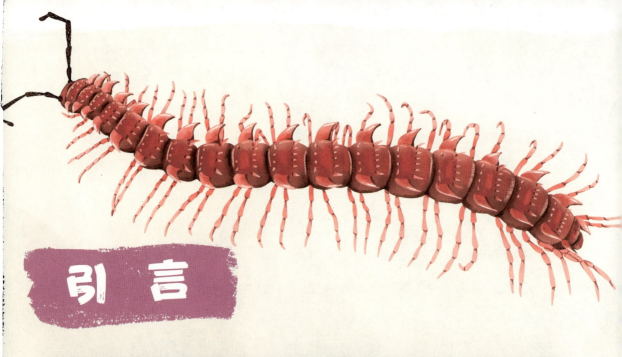

你害怕蜘蛛和蝎子吗？大多数人都害怕！尤其怕它们的毛腿、钳状附肢和尖牙。其实，大多数节肢动物对人类无害，只有那么少数几种有毒，但仅此就让人们对整个节肢动物类群敬而远之——这对有益的节肢动物真的很不公平！当你读完这本书时，我希望你跟我一样对这些节肢动物感兴趣。节肢动物种类极其繁多，有螨虫、蜱虫、蜈蚣、蜘蛛、蝎子等类别，还有一些你可能从未听说过的种类，比如无鞭蝎和骆驼蜘蛛！

并非所有的节肢动物都长相丑陋。澳大利亚的孔雀跳蛛的体色像孔雀或者极乐鸟的羽毛一样光彩夺目，雄蛛都会通过跳舞来展示自己的雄健之美，吸引雌蛛。有些马陆和蜈蚣的颜色也很鲜艳，但这是警戒色：警示身上有毒，或接近它们很危险！

当然，神奇的节肢动物也能担当慈爱的父母。蝎子妈妈会把蝎宝宝背在背上加以保护，防止天敌伤害，也能避免宝宝在炙热的地面脱水。

有些马陆爸爸无微不至地照料未孵化出来的宝宝，一直照顾到宝宝能独立为止。而有的蜘蛛妈妈死后还会把自己的身体留给宝宝当饭吃，不让宝宝饿死！

节肢动物是地球上最不可思议、最具自我牺牲精神的生物。

我打心底里就特别喜欢蝎子。大多数蝎子都无害，最早从海洋冒险到陆地生存的生物之中就有蝎子的祖先。蝎子的神奇之处不仅在于它是活化石，而且它也是陆生生命的先驱。体形巨大的蝎子先祖曾经在海洋中自由自在地遨游。然而，令人奇怪的是，蝎子身体的基本形状在过去4亿年里并没有发生太大的变化。

你知道吗？蝎子在黑暗中还会发光呢！如果你能看到紫外线，你就会看到蝎子发出的亮光，非常漂亮，即使是害怕蝎子的人，也会忍不住多看几眼。

蜘蛛是自然界最伟大的建筑师。自然界最美丽的景观莫过于冬日清晨布满露水的蜘蛛网。它那小小的脑袋堪比专业绘图师、刺绣大师，把蛛网织得那样精细。想一想蜘蛛捕获的蚊子或苍蝇，你就会对它刮目相看！

蛛网是自然界的一大奇迹，由几种蛛丝组成：光滑的蛛丝可用来移动，黏丝可以捕捉猎物。而且蛛网可以很结实，络新妇织的网由金色蛛丝织成，即使把一罐汽水扔到上面，也丝毫无损。

许多神奇的节肢动物都非常微小，用肉眼几乎看不到。有些节肢动物只能在人体上发现，比如长在睫毛根部的螨虫。

数百万年来，一些神奇的节肢动物经过进化，专门寄生在人类身体的特定部位，比如睫毛、头发，或皮肤毛孔里。还有的专门吃我们脱落的死皮。

如果没有它们，我们房子的各个角落很快就会堆满死皮，因为我们每小时就会脱落约 0.1 克死皮，一生中将总共脱落 35 千克之多！

螨虫真的很神奇。几乎每个犄角旮旯都有螨虫：土壤深处、深海中，等等，有一种螨虫竟然只寄生在狗鼻孔里！螨虫是地球上最强壮的生物之一，有一种甲螨，学名叫 *Archegozetes longisetosus*，能搬起超过自身体重 1000 多倍的东西。

大多数螨虫都是无害甚至有益的，极少数是有毒的。我 30 多岁时，有种小螨虫咬了我，让我感染了恙虫病，住了几个星期的医院。

大多数神奇的节肢动物都令我痴迷，而蜱虫却让我厌恶。蜱虫会吸血，还携带病原体，有时比蚊子还恼人！蜱虫吸血之后，身体可能会膨胀到原来的 100 倍，我身上起的血包就很大！但是人类也该理解蜱虫，因为有些蜱虫，尤其是以犀牛为宿主的犀牛革蜱，已濒临灭绝。犀牛遭到偷猎者捕杀，犀牛革蜱的数量也就越来越少了。

我是一名生物学家，我知道，自然界中的每一种生物都在尽职尽责地工作着，为的是让地球更加宜居。

我认为节肢动物一点都不可怕，反倒值得我们尊敬。不过，最好不要靠得太近，更不要去抓它们。观察它们时，务必仔细，一定会有意想不到的收获。接下来，就请一睹地球上最美丽、最灵巧、最神奇的节肢动物吧！

——蒂姆·弗兰纳里

在我们了解 节肢动物之前

先来看看蒂姆·弗兰纳里的女儿埃玛写的笔记吧!

说实话,不用害怕这些节肢动物,因为它们是我们的朋友。虽然有时它们会蜇人、咬人,但这些情况很少发生,除非把它们逼急了,它们才敢冒犯你! 所以,越是了解它们,就越正视它们,也就越不怕它们会伤害到你了。

如此神奇的节肢动物, 究竟是什么呢?

生物学家将地球上所有生物分为不同的"门"类,属于一个群体的动物彼此之间更密切。 比如说脊索动物门里面,除了人类,还有小狗、大马、小鸟、青蛙、爬行动物、海豚等,这些动物都有脊椎。 但地球上脊椎动物的种类在动物总种类中的占比不到5%! 惊讶吧! 那么剩下的95%的动物会是什么门类呢?

原来剩余的都是无脊椎动物。 它们遍布整个地球!

无脊椎动物有30多个门类。 有的身体完全呈柔软状态,比如水母、鼻涕虫或蠕虫等;有的外壳坚硬,比如昆虫、螃蟹或蜘蛛等。

在动物王国中,最大的门类是节肢动物门,种类约占动物总种类的80%以上。

节肢动物属于无脊椎动物,比如昆虫、螃蟹、蜘蛛和蜈蚣等。

节肢动物的共同特征

1. 有坚硬的外壳，即外骨骼
2. 身体分节
3. 有 6 条腿，或多于 6 条，腿上有分节

接下来你会看到
神奇的节肢动物

你翻阅这本书时可能会发现，有些节肢动物很熟悉，有些则很陌生。它们的生活如此神奇，有时真令人大开眼界。你能看到各种蜘蛛，有的用大网弹射，有的待在水中的气泡里，有的在沙丘里上演"侧手翻"。蝎子爪子一开一合的舞蹈可能会让你大吃一惊，而吸血的蜱虫让你厌恶。你还能在马陆中找到朋友，而它会散发致命的气味！

这些节肢动物的体形都很小，常被忽视。其实，大多数人都没有意识到它们就生活在我们眼前。比如，有的在晚上吸食我们脸上的汗液；或在树干上有成双成对的盲蛛，正跳着"踢踏舞"。还有的体形巨大，有餐盘大的蜘蛛，还有像肥蛇一样大的蜈蚣！

本书中的节肢动物没有涉及昆虫纲，主要讲的是蛛形纲动物，比如蜘蛛、盲蛛、骆驼蜘蛛、蝎子、伪蝎、无鞭蝎、螨虫和蜱虫等；还有一群奇怪的节肢动物，比如马陆、蜈蚣和海蜘蛛等。

此外，这本书还讲到了一种非常特殊的动物，它看似节肢动物，实际上并不属于节肢动物。

你能找出是哪一种吗？

俗名与学名

　　许多动物都通过俗名来识别，例如，红背蛛或蜈蚣，很容易记住！俗名是什么并没有具体规定，有些动物或许没有俗名，而有些动物不止一个俗名。根据你的居住地不同，动物的俗名可能也有所不同。但每种动物都有学名，而且无论生活在哪里，每种动物都只有一个学名。例如，红背蛛又叫"赤背蜘蛛"，学名是 *Latrodectus hasselti*。

　　学名看着很难，但都是经过生物学家的认真探讨才确定的。每个学名里都包含很多信息，我们通过学名来研究地球上的生物及其生活习性。许多学名用拉丁语或古希腊语等命名。每种生物的学名由一个属名和一个种名组成，用斜体书写，属名首字母要大写。

　　一看学名，科学家就知道这种生物的近亲及它在进化树中的位置。学名也能描述生物的外表或行为。例如，潜水钟蜘蛛是唯一几乎一生完全生活在水下的蜘蛛！它的学名是 *Argyroneta aquatica*，在拉丁文中的意思是"水中银色的网"。

生物的学名是怎么来的？

　　科学家每发现一个新物种时，就会在科学杂志上发表文章。在文章中，科学家会描述关于这种生物已知的全部信息，包括它的外表和行为方式，还会给它取学名。

　　一个生物的属名与其近亲共享，可一旦和种名合在一起，就只属于这个特定的生物。有时学名里还有某个名人的名字。比如，普雷斯利黑隆头蛛的学名是 *Paradonea presleyi*，是以"摇滚之王"普雷斯利的名字命名的！也有的是为了纪念有特殊功绩的人。

为什么 这些节肢动物很重要？

节肢动物给世界带来重大的影响，我们要感谢节肢动物的地方真的很多。

它们不仅能保持我们的环境健康，还能控制害虫，引发科学和医学上的突破。节肢动物也是掠食者，能控制其他生物的数量，比如携带病原的蚊子。它们还能吃掉许多农作物上的害虫。据不完全统计，一只蜘蛛一年能吞食多达2000只昆虫！同样，鸟类和蜥蜴等许多动物也以节肢动物为食。

以植物为食的节肢动物在大自然中同样起着至关重要的作用。马陆是世界上最伟大的回收者，它在地下慢慢地挖洞，吃腐烂的植物，通过不断进食和排泄，促进土壤增肥，保证我们的食物茁壮生长。

我们要感谢节肢动物，更是因为它们拯救了我们的生命。目前科学家发现，某些节肢动物的致命毒液能止痛，还能治疗癫痫、中风和癌症等疾病。科学家还通过了解蛛丝独有的特性，研发新材料，用于医学和工程方面。

节肢动物与人类有着密切的关系。

巧遇卡卡杜巨型猎人蜘蛛（埃玛）

上大学前，我在澳大利亚北领地的达尔文做了一年的野生动物保护工作。我们的科考团队在卡卡杜国家公园露营了几个星期，捕捉和记录了那里的各种蜥蜴。一天清晨，我听到旁边帐篷里传来歇斯底里的尖叫声。我随即冲出去想帮忙，谁料迎面碰上了一只黄色的巨型猎人蜘蛛。这只胖乎乎的蜘蛛大约有我的手那么大，正好爬在帐篷门的拉链上！说时迟那时快，我鼓起勇气，抄起长棍子，小心地把它戳了下来。最终，它沿着地面爬上了一棵树。那个早晨，我就成了大英雄！

仔细观察这个世界，你会发现到处是千奇百怪的动物。一旦好奇心燃起，探索的脚步就停不下来了！

午餐时分在学校操场上闲逛时，你会发现，这些动物隐藏在树叶或岩石底下，正偷窥着人类的一举一动。到了晚上，看看家外面的遮阳篷，或者用手电筒在花园里照一照，也许你会发现，有蜘蛛正在忙着织一张特大号的蛛网；或一只蜈蚣正在飞奔，追逐着猎物。

我们对节肢动物的了解一直在加深。可悲的是，由于杀虫剂的使用、栖息地的丧失和气候变化等原因，许多节肢动物的数量正在急剧下降。

杀虫剂是用来控制害虫数量的，但也会无意中杀死有益的节肢动物。

栖息地的丧失和气候变化导致节肢动物的生存空间越来越小，它们对食物和家园的竞争越来越激烈。

气候变化也导致比如山火和干旱等极端自然灾害，把一些节肢动物推向灭绝。很可能它们还没有被发现，就已经灭绝了。

这很可悲，但并非毫无希望。阅读这本书就是一个很好的开始！难道你不想知道外面的世界还有多少未被发现的节肢动物吗？我相信不久的将来，也许正是你给一个全新的物种命名呢，你的才华会让全世界为之惊叹的！

在最酷热的沙漠、最寒冷的北极岛屿和周围花园的花朵上，都有蜘蛛繁衍生息的影子。如果仔细观察，还会看到它们在岩石下、洞穴深处，甚至在水下栖息的身影。一块足球场大小的草地能容纳多达220万只蜘蛛!

世界上有4.5万多种蜘蛛，形状和大小各不相同。有些又厚又多毛，有成年人的脸那么大;有些小而精致，长着细长的腿。地球上最早的蜘蛛生活在大约3.8亿年前，比最早的恐龙、人类出现要早得多。

很多人谈蛛色变! 8条毛茸茸的腿、密密麻麻的眼睛和可怕的尖牙，共同放大了人们对它的恐惧。但只有一小部分蜘蛛对人类有致命威胁，大多数都是独居的，与人类交集很少。

从狡猾的捕猎技巧到同类相食的嗜好，蜘蛛的生活你做梦也想不到。你了解得越多，碰到它也就越从容自得。

来了解一下蜘蛛吧

让我们近距离接触一只蜘蛛——如果你不怕它的话! 它有很多你不熟悉的身体部位。首先，它的骨骼不在身体内部，而是在身体外部，即外骨骼，有点像老式的盔甲，既能保护蜘蛛，又能让它移动。它的身体由两部分组成:头胸部和腹部。眼睛和口器长在头胸部，头胸部还连接着腿。腹部有呼吸、生殖器官和吐丝器。蛛丝是一种由蜘蛛纺成的纤维，用途很广。

体貌特征

* 坚硬的外骨骼
* 由两部分组成的身体:头胸部(头部和胸部的结合)和腹部
* 8条腿(生长在头胸部)
* 颚，也叫螯肢，长有尖牙
* 一对触肢，雄蛛的触肢用于交配
* 毒牙里的毒液(少数蜘蛛除外)
* 通过腹部的吐丝器吐丝

神奇的脚

蜘蛛是如何爬上墙壁和天花板的？答案就在蜘蛛华丽的爪子上。它每条腿上不仅有一只爪子——而是有多只爪子！它每条腿的末端有很多浓密的毛。每根毛的末端都是一个特殊的脚，能抓住表面上很小的凸起，蜘蛛想怎么爬就怎么爬！

哇！

弗兰纳里探秘志

友好的猎人蜘蛛（蒂姆）

猎人蜘蛛通常以其快速、敏捷的动作而著称，但它们并不是都这么快得出奇。带状猎人蜘蛛是澳大利亚最大的猎人蜘蛛之一，腿的跨度极大，能像盘子那么大，腿上的黑白条纹十分引人注目。我曾经在悉尼霍克斯伯里河边的家里养过一只带状猎人蜘蛛。晚上，小家伙会从木踢脚后面出来溜达，我坐在旁边，看书陪伴。小家伙动作一向都很缓慢，也从不害怕我，倒有点害羞，而且非常平和！

这么多腿啊！

蜘蛛确实有很多条腿，多得没地方用。据统计，有大概十分之一的雌蛛至少少了一条腿，但这似乎并不影响它们捕猎，也不影响织网。

科学家认为，蜘蛛长着很多没用的腿。因此，如果蜘蛛不慎失去一两条腿，也没多大关系！

天壤之别 的 外观

同一物种的成年雌蛛体形通常比雄蛛大得多，寿命也长得多。某些蜘蛛的雌蛛体形比雄蛛的体形大十几倍——哎哟，这可真是个大个子妈妈！同样，雌雄蜘蛛有的颜色和斑纹也不同。这种差异悬殊的外表，有时就连蜘蛛它们自己也很难分辨谁是同类！

太奇妙了！

多功能的蜘蛛刚毛

蜘蛛身上覆盖着一层细密的毛，叫作"刚毛"。蜘蛛身上的刚毛用途极广，一些蜘蛛利用刚毛，能感知到5米以外人的脚步声和谈话声。

刚毛具有疏水性，有助于蜘蛛保持身躯干燥，也能防止溺水。科学家希望通过研究蜘蛛刚毛，研发出一种终极防水材料，用于门窗防护、食品包装，甚至船壳制造，让船只行驶得更快。刚毛还能捕获小气泡，有助于蜘蛛在水下短时间呼吸顺畅。

多么神奇的超能毛发啊！

蜕皮

蜘蛛的外骨骼十分坚硬，腿关节和腹部周围关节都有很强的移动能力，这使蜘蛛在吃饱后依然能行走。与人类的骨骼发育方式不同，蜘蛛长大时，必须摆脱旧的外骨骼，长出新的更大的外骨骼，这便是蜕皮。蜕皮过程很艰苦，几乎会消耗蜘蛛的所有能量。蜘蛛新生的外骨骼很软，需要很长时间才能硬化；蜕皮也很危险。研究表明，蜘蛛在蜕皮时的死亡率高达85%。为了安全地度过蜕皮期，蜘蛛通常将自己隐藏起来，有时躲在洞穴里，有时挂在一根蛛丝上。

洞穴生活

蜘蛛生活在黑暗的洞穴或地下，要适应低光照条件，就会失去视觉能力。

大脑袋

生命结构复杂的动物脑袋都很大，蜘蛛也不例外。蜘蛛的休形大小不等，小到尘粒，大到餐盘，但生命结构一样复杂。有趣的是，体形越小，大脑在体内占据的相对空间就越大。一些小蜘蛛的大脑和神经甚至延伸到腿部，占据了身体的80%！

你能看到我吗？

大多数蜘蛛的眼睛多得惊人：8只眼睛！而且都成对出现。另外，有1%的蜘蛛眼睛数目不等：有的长着6只，有的4只，有的2只，还有的没眼睛。大多数的蜘蛛视力很差，许多只能区分白天和黑夜，只能看到行动迅速的天敌，从而有效地躲避危险。

大多数蜘蛛都依靠触觉、味觉和震感等感官四处走动、交配及捕猎。在这本书中，你会认识几种罕见的视力很好的蜘蛛，包括缨孔蛛、孔雀跳蛛、极速狼蛛和撒网蛛。

为什么蜘蛛需要这么多眼睛呢？为什么人类却只有两只眼睛呢？首先，人有脖子，能转头，看到侧面。蜘蛛没脖子，但它头部两侧也长着眼睛，能观察更多的方向。人眼很复杂，能同时完成很多工作，比如判断距离、识别颜色、判断形状等。而蜘蛛的眼睛就更特殊，每只眼睛都有不同的功能。我们用双眼就能完成的事，蜘蛛要用8只眼睛才能完成。

蜘蛛的眼睛在头上分成两排，按照功能主要分为两种：昼眼和夜眼。昼眼朝前，也很大，通常是黑色的，很善于观察细节；夜眼通常较小，能帮助蜘蛛在弱光下看到更广的视角。夜眼也有很多意想不到的特性。包括狼蛛在内，许多蜘蛛的夜眼会反射出闪亮的光芒。

有趣的事实

科学家经常利用蜘蛛眼睛的排列和形状来识别它们。

呼吸的书肺

蜘蛛的呼吸方式与人类大不相同。蜘蛛有两套呼吸系统：气管和书肺。气管是一种呼吸管道，从坚硬的外骨骼上的呼吸孔通往身体内部。气管直接向体内的组织和器官提供空气。有些蜘蛛也用一两对书肺呼吸——没错，这个器官就像书的一页纸那样，超薄！蜘蛛的血液通过书肺吸收氧气。书肺通过腹部的书肺孔与外界的新鲜空气相通。这些书肺孔会随着蜘蛛的呼吸而膨胀和收缩。

什么是
神经毒素?

神经毒素是一种作用于动物神经系统的有害物质,会导致瘫痪,甚至死亡。蜘蛛毒液中含有大量的神经毒素。不同的蜘蛛,拥有的毒液也不同。这取决于它们的猎物和天敌的类型。

另外,蜘蛛毒液中还包括肌肉毒素、消化酶等成分。在蜘蛛捕食过程中这些化学物质起着不同的作用,肌肉毒素能破坏猎物的肌肉,消化酶则能帮助蜘蛛消化猎物。

多亏了抗毒血清

许多医疗中心都备有抗毒血清,用于治疗蜘蛛咬伤。这种药物能帮助人体抵御毒蜘蛛的神经毒素,由从蜘蛛身上提取的毒液制成——这是一项极其危险的工作!一旦收集到毒液,科学家就会将少量毒液注射到供体动物(通常是马)体内,在动物体内能产生针对毒液的抗体。科学家经过收集、提纯后,使用这些抗体来制造抗毒血清。

走近科学!

用于毒杀的秘密武器

蜘蛛是一种高效杀手。它善于借助"武器"来战胜比自己大很多的猎物。蜘蛛寻找猎物的方式各不相同，但杀死猎物的方式取决于它的毒牙。蜘蛛通过毒牙将毒液注入猎物体内。它的毒牙是中空的，尖端有小孔。每当蜘蛛刺穿猎物时，毒液就会从小孔里流出来，麻痹猎物，甚至杀死猎物，让蜘蛛免于在打斗中受伤。有些蜘蛛咬完猎物后，会将猎物裹在蛛丝里，把猎物带回巢穴，或是留在蛛网上，当作夜宵吃掉。

只有极少数蜘蛛对人类是有威胁的。因此，人们偶尔看到的蜘蛛很可能是无害的。从很远处观赏蜘蛛就可以了，最好不要捡起它们，哪怕是一只也不行！

这只蜘蛛很危险！

不怕一万，就怕万一

蜘蛛通常都很内敛，不太引人注意，但偶尔也会与人类相遇，大部分不会伤害人类。不过，人类偶尔也会被它咬伤，一般伤得比较轻，医生都能治疗。而在极少数情况下，人类也会被极其危险的蜘蛛袭击。一旦遇到这种情况，蜘蛛的神经毒素就会引起头晕、呼吸困难、恶心，甚至肌肉痉挛，严重的还会导致死亡。

有趣的事实

蜘蛛的"血液"被称为血淋巴，呈蓝色。

怪异的进食方式！

想想我们吃零食时是如何进食、消化的！首先用下颌咀嚼。咽下肚后，胃酸进一步分解食物，让肠道吸收营养。而蜘蛛吃东西的方式完全不同：不用牙齿咀嚼，也不会将整个猎物吃掉。它在进食之前先将消化液喷射到猎物身上，或注入猎物体内，消化、分解食物，然后就能更好地享用。

真是怪异！

雄蛛的触肢像拳击手套

在蜘蛛的尖牙旁边，有一对特殊的部位，叫作"触肢"。触肢是用来感知的，就像人的手臂一样，帮助蜘蛛完成各种各样的任务。蜘蛛在捕食过程中，用触肢来感知、触摸、品尝，乃至捕捉猎物，还用它织网。

此外，雄蛛在交配时也会用到触肢。雄蛛和雌蛛的触肢形状不同。雄蛛的更大，像拳击手套！我们能通过触肢的大小来区分某些蜘蛛的雄雌。

天哪，你的下巴好大啊!

蜘蛛类似口器的部位叫作"螯肢"。螯肢有点像下颚，能撕碎和刺穿猎物。毒牙就在螯肢末端。蜘蛛的尖牙通常整个藏在螯肢中，只会在特殊场合露出来!

捕猎大师

蜘蛛反应速度极快。有的跑得比我们大喊一声"啊!"的速度还要快；有的眨眼间就转过身，去攻击身后的猎物。有的蜘蛛还能跳过自己身长50倍以上的裂缝，真可谓"超胆侠"。

大多数蜘蛛都捕食昆虫或其他蜘蛛，但也有一些捕捉鱼类、小蜥蜴、蛇，甚至鸟类。蜘蛛的捕猎方式几乎和蜘蛛的种类一样多。但它们有个共性：都很狡猾!

有些蜘蛛出其不意地捕捉猎物。它们有的打扮成鸟屎；有的涂成树皮颜色进行伪装；还有一些编织黏丝或者大网，静静等候猎物落网。

事实上，大约只有一半的蜘蛛会织网。有的蛛网很大，呈圆形，挂在树木之间，甚至能横跨河流捕捉飞行的猎物；有的位于岩石下面，杂乱无章；还有一些蛛网小巧便携，适合拦截碰巧经过的猎物。有一种蜘蛛能把整张蛛网往后拉，像弹弓一样套住那些难以捕捉的猎物!蜘蛛网千差万别，但在猎食时都能发挥各自所长，很实用。

有些蜘蛛不会织网，但仍然能用蛛丝捕食。许多蜘蛛在其洞穴周围铺上蛛丝，当有昆虫路过时就能感受到振动，迅速冲出去捕获它，把它拖回洞穴。有一种蜘蛛，用蛛丝末端的黏团来捕猎，当有昆虫靠近时，黏团就会摇晃起来。要是黏团与昆虫相撞，昆虫就会被牢牢粘住，跟钓鱼一样，被蜘蛛拉进洞穴。其他的蜘蛛就像小小的超级英雄，以极快的速度向猎物喷丝，让猎物无法动弹。

还有更厉害的捕猎大师呢。有些蜘蛛能在潜水泡里钓鱼，有的能猎食蚊子，还有的会假装成猎物，引诱其他蜘蛛前来送死，堪称"欺骗大师"。

欢迎来到蛛丝工厂

蜘蛛丝虽然比人的头发细1000倍，却具有突出的强度、韧性和弹性。无论是与其他天然材料还是人造材料相比，蛛丝都是世界上最坚固的材料之一。事实上，一根铅笔粗的蛛丝就能成功阻拦大型喷气式飞机正常飞行！

所有的蜘蛛都产丝，但并不是都会结网。在这本书中，你会看到蜘蛛巧妙地利用蛛丝创造各种奇迹。

劳动智慧的结晶——蛛丝

蜘蛛能吐出很多种丝，不同的蛛丝具有不同的用途。像斑络新妇，它的网中至少有4种蛛丝。据分析，结实的丝很适合编织蛛网外缘，能在较大压力下保持其美观和稳定。非常黏的丝便于捕捉猎物。弹性丝不会使蜘蛛网在受到撞击时断裂——有的能拉伸到原来长度的200倍。不易折断或撕裂的蛛丝，可以包裹那些蠕动的昆虫。

蜘蛛用结实而坚硬的丝把珍贵的卵包裹在卵囊里，做好保护。也有的蜘蛛用蛛丝制成气泡，潜入水下。而一些四处飞溅的蛛丝像极了从高空坠下来的鸟粪。

蜘蛛使用蛛丝的祖传秘籍

- ✳ 织网
- ✳ 攀爬
- ✳ 运输（甚至"飞行"！）
- ✳ 安全绳（或用于快速逃生）
- ✳ 捕捉猎物
- ✳ 包裹猎物
- ✳ 包装礼物
- ✳ 伪装
- ✳ 庇护所
- ✳ 筑巢
- ✳ 制造暗门
- ✳ 保护幼崽
- ✳ 交配（用于转移精子或捆绑雌蛛）
- ✳ 气泡潜水

你知道吗？

大多数蜘蛛都会产生毒液。有一种蟱（wú）蛛，用蛛丝将猎物紧紧包裹，然后把消化液喷在猎物身上，制服猎物。

啊！

小蛛丝，大用途

一些科学家发现，第一，蛛丝除了比钢更坚固，还像橡胶一样，具有弹性；第二，蛛丝具有抗菌作用，能防止蛛网上滋生微生物或霉菌，也能捕捉人类讨厌的虫子；第三，蛛丝具有低过敏性；第四，蛛丝可以生物降解，造成的污染程度最小，这对地球是件好事；第五，蛛丝在手术中可以作为牢固的缝合线，也能用于蹦极，甚至可以制作防弹背心。此外，你还能想到蛛丝有什么用途吗？蛛丝的应用范围，可不能局限在你的想象中呀！

有趣的事实

你有没有误入过某地，突然粘上了一脸的蛛丝？蛛丝是半透明的，一般很难发现。但这有助于蜘蛛捕捉更多的猎物。昆虫如果能看到蛛丝，就绕开飞走了。

弗兰纳里探秘志

哇！

结实的网、方便的网（蒂姆）

在新几内亚，有一种园蛛科络新妇属蜘蛛织的网很结实。你把满满一罐汽水扔上去，蛛网也能牢牢撑住！这种蜘蛛身体是银色的，约 5 厘米长。它们织的金色蛛网非常结实，有时鸟类被缠住也逃不了。而且这些蜘蛛不是单独生活的，它们几十只自发组成巨大的蜘蛛群，沿着小路一起织网。

在新几内亚，由于这种蛛网经久耐用，人们便利用其来捕鱼。渔民找到一根有四个权的棍子，然后用棍子把蛛网卷起来，做成一个四面金字塔，顶端露出个把手。然后，他们把金字塔网放在小溪里，底部敞开，网口面朝着上游。只要有鱼进入大网里，就休想挣脱！

科学研究中的古怪想法

科学家在研究中经常有古怪的想法，对于生产蛛丝也不例外。人类用蛛丝能做很多事情。但一只蜘蛛不能产出很多蛛丝，为了从蜘蛛身上收集足够多的蛛丝，我们必须有个能养殖成千上万只蜘蛛的农场。但大多数蜘蛛都喜欢独居，无法忍受彼此干扰！那人造合成（或化学生产）蛛丝呢？研究表明，蛛丝是由许多不同成分组成的复杂材料，目前很难以合成形式复制蛛丝。

于是，有古怪想法的科学家就登场了。科学家研发了一种巧妙的蛛丝合成技术，就是利用基因技术大量生产蛛丝。但编辑基因不可能信手拈来、好用便捷！科学家在蜘蛛身上发现了负责产丝的基因，将其植入另一种生物体内，以便该生物也能产丝。就这样，有的科学家养起了山羊，山羊产奶，奶中含丝；再通过人工挤奶，提取蛛丝。

截至目前，日本有一家公司已经用产丝细菌制作出了人造蛛丝滑雪夹克了！也许用不了多久，你就能在大卖场中找到这样的衣服了。

成群结队，随风飘荡

有时外面起风时，成群的小蜘蛛会随着蛛丝一起飘走。落在地面后，它们像床单一样延展数百米。有人曾见过数百万只小蜘蛛，像雨滴一样从天而降。太匪夷所思了！

织网虽然很累，但也有窍门

织网很复杂，也耗时。但蛛网不像房子能长久坚固，一天左右黏性就会减弱，一旦有生物粘在蛛网上，就会破坏蛛网。因此许多蜘蛛每天晚上都要织网。好累呀，每天都需要生产大量的蛛丝。不过聪明的蜘蛛喜欢回收利用。蛛丝由可食用的蛋白质构成，许多蜘蛛在织新网之前，都会先把旧网吃掉，补充能量，让自己容光焕发，干劲十足！

哟！

为什么蜘蛛不会困在自己织的网里呢?

因为蜘蛛知道该往哪里爬!并非所有的蛛丝都是黏黏的。从蛛网中心发散出来的辐条般的丝非常结实,便于爬行。蜘蛛绕网行走时,就停留在这些滑溜溜的辐条上。

蜘蛛会飞?!

蜘蛛没有翅膀,不会飞。但蜘蛛能利用蛛丝在空中"飘浮"!当起风时,小蜘蛛会爬得尽可能高,踮起脚尖,把屁股伸向空中。小蜘蛛能吐出一种非常细的游丝,能带着蜘蛛一起飞行,就像降落伞一样。它们通常只会移动几米,但偶尔一阵大风就能让它们走得更远。这种现象有的是水手在海上航行时发现的,还有的是在几千米高的飞机上发现的!

皇室礼物

1709年,法国国王路易十四收到了一双蜘蛛丝袜。这双丝袜是由精心收集的数百个蜘蛛卵囊手工制成的。

利用气味"进可攻,退可守"

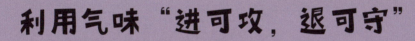

蜘蛛可以在蛛丝上添加额外的气味分子,即信息素。信息素能诱导其他蜘蛛甚至昆虫的某些行为。雌蜘蛛可以使飘动的蛛丝散发出气味,引诱附近的雄蛛前来交配。甚至,有些蜘蛛在200米外就能"闻到"蛛丝的存在。

交配的雄蛛通常会成为雌蛛的晚餐,根本见不到蛛宝宝!因此一些雄蛛交配时会在蛛丝上释放舒缓的气味,有点像芳香疗法!然后将蛛丝盖在雌蛛身上。雌蛛闻到这些信息素时,对雄蛛的攻击性会大大减弱,而雄蛛就能趁机逃命。

蜘蛛还能利用气味来引诱毫无戒心的猎物。比如说,流星锤蜘蛛通过释放一种气味分子引诱雄蛾,而这种信息素与雌蛾在交配时释放的信息素相同。

蜘蛛的生殖系统

在雌蛛的身体底部有外雌器。雌蛛用外雌器收集雄蛛的精子，然后产卵。不同蜘蛛的外雌器在外观上各不相同，科学家通常用这种外部特征区分蜘蛛种类。

信不信由你，雄蛛的交配器官在头上！在交配时，雄蛛先将精子和蛛丝混合在一起，形成精网，再把精网放在触肢上（触肢位于蜘蛛尖牙旁边，是两个像拳击手套的附属物），最后把触肢插到雌蛛的外雌器上来转移精子。

宁愿牺牲自己的蛛爸爸

如果你是蜘蛛，蛛妈妈可能在你出生之前，就把你的蛛爸爸生吞了！而奇怪的是，许多雄蛛在交配后会心甘情愿地牺牲自己。这到底是为什么呢？原因很简单：许多雄蛛一生就只能交配一两次，在交配季节结束后不久就会死去。而如果雄蛛让雌蛛吃掉，那么雄蛛还能为尚未出生的蛛宝宝贡献一份营养呢！

苦命的蛛爸爸

为找到一只雌蛛，雄蛛不得不经过长途跋涉，表演才艺，才能有机会求偶！许多雄蛛即使没有被雌蛛吃掉，在交配季节过后不久也会死掉。

不同的求偶方式

雄蛛体形通常比雌蛛小，在交配时还常被雌蛛杀死。雄蛛必须小心地接近雌蛛，因为雄蛛很容易被误认为是猎物或掠食者。雄蛛一般通过气味、振动，甚至"舞蹈"，与雌蛛进行交流。

每种蜘蛛都有自己特殊的求偶方式。为了求偶，结网雄蛛首先必须进入雌蛛的捕食陷阱。雌蛛视力不佳，因此雄蛛使用振动求偶很常见。一些雄蛛小心地跳到雌蛛的网的边缘，开始颤抖。这种颤抖不是因为它害怕，而是为了让雌蛛知道它不是猎物。这种方式可以降低雌蛛吃掉雄蛛的可能性。有时雄蛛拨动雌蛛的丝网，就能让它知道雄蛛的确切位置。

其他蜘蛛，如孔雀跳蛛和极速狼蛛的视力好得惊人，居然能受到舞蹈和振动的吸引。跳蛛以其在蜘蛛界中最复杂的求偶仪式而闻名。这种雌蛛是最苛刻的评委。雌蛛会仔细地评估雄蛛振动或舞蹈的质量。如果它满意，它就会向雄蛛发出准备交配的信号。相反的话，雌蛛可能会忽略雄蛛，或者走开，甚至吃掉雄蛛。

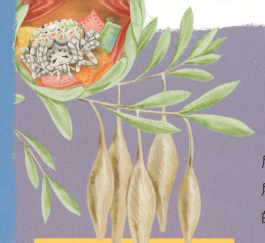

安全卵囊

雌蛛一次能产成百上干个，甚至成干上万个卵，随后把卵放在丝制的卵囊里。有些蜘蛛还能精心制作出多层蛛丝保护卵。有的雌蛛放弃卵囊，让卵自己孵化；有的不顾一切地保护卵囊，甚至会随身携带。

给我喝蜘蛛奶！

你早餐喝的也许是牛奶，而蜘蛛也能产奶！科学家发现，有一种跳蛛叫大蚁蛛，它的腹部会产生一种类似牛奶的乳白色液体，其中蛋白质的含量是牛奶的 4 倍。大蚁蛛幼蛛在生命最初的 40 天，紧紧地依附在妈妈的肚子上，喝着这种乳白色液体，能长得又大又壮。科学家不太确定，大蚁蛛妈妈是如何产奶的。有些科学家认为，大蚁蛛妈妈会回收利用自己的未受精卵产奶。

不一样的蛛妈妈

几个星期后，蛛宝宝破卵而出！大多数蛛宝宝会发现自己独自生活在广阔的世界里，看不到妈妈。但也有些蛛妈妈为了保护幼蛛，会把蛛宝宝背在背上，或者提前将猎物液化，给宝宝准备好食物。甚至有一些蛛妈妈为了蛛宝宝，毅然决然让孩子把自己活活吃掉！

哇！

有趣的事实

雌蛛可以随时使用雄蛛的精子。有些雌蛛会使用保留了两年的精子。

你知道吗？

未成年的蜘蛛叫幼蛛。

蜘蛛吊，财神到

有句俗语"蜘蛛吊，财神到"。在某些地方，人们认为蜘蛛能带来幸福和财富。人们也称蜘蛛为喜蛛。如果从蛛网上或天花板上掉下来一只蜘蛛，据说叫好运"从天而降"！

讨厌的黄蜂，讨厌的幽灵蛛！

你可能认为，那些可怕的蜘蛛根本不必担心被吃掉。但是，即使是最大的蜘蛛，也有天敌。蜘蛛要时刻提防鸟类、爬行动物、哺乳动物，乃至其他蜘蛛和黄蜂。如果是蜘蛛被鸟抓住，那么蜘蛛不会经历太多的痛苦，但如果被黄蜂抓住，那情况就不一样了。

不同的黄蜂有不同的技巧，狡猾的黄蜂落在蜘蛛网的边缘，伪装得就像卡在网里的昆虫一样乱动。当蜘蛛过来时，黄蜂就猛扑过去，使它瘫痪，并把它带回巢里，给孩子吃。有些黄蜂则会趁蜘蛛毫无防备时，在蜘蛛身上产卵，慢慢长大的幼蜂会向蜘蛛的大脑发送化学信号，控制蜘蛛。这些信号告诉蜘蛛，要把黏糊糊的网拆开，为幼虫建个新家！一旦蜘蛛把自己困在丝里，幼蜂就会把蜘蛛吃掉，然后幼蜂用蛛丝给自己做茧，最终孵化成黄蜂，周而复始。其实，许多蜘蛛都有办法逃脱黄蜂的捕杀，比如螲蟷（diédāng，又叫活门蜘蛛），它们住在地上的洞穴里，能用坚硬的屁股堵住家门口，连黄蜂都无法刺穿！

蜘蛛寿命

许多蜘蛛只能活一年，甚至更短，但也有一些蜘蛛寿命很长，比如捕鸟蛛能活20年。还有一只名叫盖乌斯16号的螲蟷，竟然能活到43岁！

蜘蛛也是人类的好朋友

蜘蛛在自然界和人类世界中一直都扮演着非常重要的角色。农民总是受到害虫的困扰，蜘蛛吃的昆虫数量比鸟和蝙蝠吃的加起来还要多。蜘蛛在控制昆虫数量上，起着举足轻重的作用。如果没有蜘蛛，害虫就会毁掉更多农作物。还有科学家正在培育专用的蜘蛛，用以帮助控制某种特定害虫的数量，比如蚂蚁。更为重要的是，一些蜘蛛一直在保护着我们免受地球上最致命的动物——蚊子的伤害。携带病原的蚊子害死的人比地球上任何动物害死的人都多。但幸运的是，蚊子是蜘蛛最喜欢的食物之一！

第一位蛛形学家

历史上第一位蛛形学家是卡尔·亚历山大·克莱克，1709年他生于瑞典，曾写过一本名为《瑞典蜘蛛》的书，还发明了一种专门收集蜘蛛的盒子。

克莱克最初收藏了61种蜘蛛，并详细描述了50种蜘蛛！克莱克所描述的蜘蛛是最早被正式命名的蜘蛛。

有趣的事实

学名最长的蜘蛛是 *Dipoena santaritadopassaquatrensis*。

好绕口的名字！

蜘蛛恐惧症及其最佳疗法

近期研究表明，蜘蛛恐惧症可能是天生的，但也是能治愈的！暴露疗法就是最佳疗法，即在专业心理学人士的监督下，帮助我们直面恐惧。这就是说，在无威胁的环境中接触恐惧越多，就越不会感到恐惧。其中，对蜘蛛的暴露疗法包括看蜘蛛的照片，或者看树上真正的蜘蛛。如果你患有蜘蛛恐惧症，那么这本书就是一个不错的选择，可以让你在不经意间治愈自己！

喜欢研究蜘蛛的人

欧仁·路易斯·西蒙对蜘蛛极其喜爱，1848年他出生于法国，创作了270多部关于蜘蛛的科学著作，描述了4000多种蜘蛛！当科学家正式描述一个物种时，就说明他们向科学界提供了新发现的物种的信息，这也是该物种获得正式学名的时候。我们就是这样追踪地球上的生物的。

独特的宠物

也许你会惊讶地发现，有人把各种各样的蜘蛛当作宠物来饲养。其中，最受欢迎的当数捕鸟蛛了。捕鸟蛛对人类没有威胁，能长到餐盘那么大。但令人可悲的是，宠物交易正在导致某些捕鸟蛛物种濒临灭绝。幸运的是，并不是每个人都喜欢捕鸟蛛。很多人更喜欢体形娇小的跳蛛或蟹蛛。

把我当宠物？

摆在蜘蛛面前的威胁

蜘蛛除了会被伴侣和天敌吃掉以外，还受到更可怕的威胁。

栖息地的丧失或退化，杀虫剂、污染和气候变化等都给蜘蛛带来了威胁。人类砍伐树木、建造建筑物、建造水坝或疏浚河流，都会造成蜘蛛栖息地的丧失。说起蜘蛛种类最多的地区，当属巴西的大西洋沿岸森林。据说，那里生活着 2000 多种蜘蛛。可悲的是，超过 85% 的原始森林已经遭到砍伐，或者做了农场，或者给城镇发展腾出空间。

蜘蛛栖息地也可能因污染或入侵物种的引入而退化。新入侵的物种可能在新的栖息地没有天敌，那么其数量就会激增。入侵物种会在食物竞争中击败本地物种——比如蜘蛛，导致蜘蛛数量下降。

许多农民用杀虫剂来杀昆虫，但无意中也会杀死蜘蛛。蜘蛛能很好地控制昆虫数量，这种损失实属遗憾！此外，蜘蛛也受到工业污染的影响。无论在数量上还是在种类上，通常一个地区污染越严重，蜘蛛的存活率就越低。

此外，气候变化也导致了蜘蛛栖息地的丧失。人类活动导致地球变暖，极端天气事件频繁发生。另外，宠物交易对某些蜘蛛也是一种威胁，尤其是对某些捕鸟蛛威胁更大。

但看到这里后，请不要太担心，因为我们能为蜘蛛做很多事情。其中最重要的，就是保护土地和蜘蛛的栖息地，以维护蜘蛛种群的健康。但帮助蜘蛛更有效的方式是提升人类环保意识和受教育程度，人们对蜘蛛了解得越多，就会越明白这些小动物是多么不可思议，然后就越想去保护它们。

像荆棘王冠的蜘蛛（蒂姆）

小时候，我经常在澳大利亚维多利亚州西部看到猫脸蜘蛛（又叫宝石蜘蛛），但现在也许是因为农民都在使用大量杀虫剂，很少能见到这种蜘蛛了。它的身体大约和小孩子的拇指指甲一样大，身上有白色的斑点和黑色的刺，就像一顶荆棘王冠。那时有成百上千的猫脸蜘蛛聚集在小溪边上，形成一个密集的蜘蛛网，那张网密集到不破坏它就无法下去取水。

在太空中织网的蜘蛛

有史以来，两只雌蜘蛛保持着最长旅程的纪录，还是进入太空的旅程！1973年，这两只雌蛛被调遣到美国的空间站去执行任务。由于太空中没有重力，科学家就能够研究失重是如何影响蜘蛛织网的。

蜘蛛也会触发创造灵感

大自然激发了人类的一些伟大发明，这是因为大自然已经解决了许多生存问题：比如，如何移动得最快，或者怎样才能变得最强壮。人类从蜘蛛身上学到了很多东西，而且还在继续研究中。比如说，一些工程师研究蛛网，以帮助建造更加坚固和抗冲击的结构。医学科学家利用蜘蛛毒液研发止痛药来缓解疼痛，甚至保护大脑防止中风。研究机器人的科学家也通过研究速度超快的侧手翻蜘蛛，希望制造高速机器人！许多材料专业的研究人员正在研究蜘蛛的超强度、超韧性的蛛丝和防水毛发。蜘蛛毛的形状很奇怪，中间通常是之字形或者弯弯曲曲的，能防止水附着在上面。科学家希望仿制这种形状来研发类似的人造防水材料。所以说，蜘蛛值得我们所有人衷心感谢！

络新妇属蜘蛛

斑络新妇

名字有什么含义?

斑络新妇的学名 *Nephila pilipes* 中 *Nephila* 的意思是"编织爱好者"，*pilipes* 的意思是"标枪脚"，指的是编织者又细又尖的脚。

常见的园蛛是群居动物，每天都有一群园蛛在晚上织又大又圆的网，有的蛛网直径可达数米，形状类似自行车车轮，一根根辐条从中心向外辐射。蛛丝在阳光下会散发出灿烂的金色光芒。园蛛通常把蛛网织在树木、路标之间的高处等容易猎食的地方。络新妇是世界上最大的园蛛之一。它细长的身体和成年人的拇指差不多大，从黑金拼色的身躯长出8条细长的腿。这种蜘蛛分布在亚洲、巴布亚新几内亚、太平洋岛屿和澳大利亚等热带地区。

看不见的陷阱

络新妇织的网很大，能捕捉到很多昆虫。它的网在白天不容易看清，到了晚上更是几乎看不见，飞行动物难以避开。唯一容易看清蛛网的时间是清晨，也就是露水形成之际。

快速织网 小能手

每天在你享受晚餐时，络新妇已经开始织网了，一顿饭的工夫，它的网就织好了！首先，风把第一条蛛丝吹到树丛中，使蛛丝挂在树枝上。第一条蛛丝也叫作"便桥"。络新妇沿着便桥来回走动，用其他的蛛丝加固便桥，然后爬到便桥中心，把另一缕蛛丝扔在下面，由便桥和垂直蛛丝构成"Y"形框架。接着，它在框架上吐丝织网，将从中心螺旋伸出的黏丝连接起来，设好陷阱。然后它就在黑暗中耐心地等待猎物落网了。如果蛛网在捕猎中被挣扎的猎物损坏，它会进行修复，甚至重新布局结网。

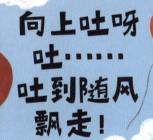

向上吐呀吐……吐到随风飘走！

搬家时，年幼的络新妇会向天空吐长丝，借助狂风，蛛丝向上飞起，从而让小蜘蛛飘出数千米外，甚至飘浮在海洋上！

寄居的小助手

银斑蛛把络新妇的网当成自己的家。银斑蛛就像一滴露珠在阳光下闪闪发光。络新妇会介意这些小家伙在附近闲逛吗？大概不会，因为银斑蛛捕食的猎物很小，络新妇对这样的小猎物兴趣不大。银斑蛛会通过捕食被蛛网缠住的小昆虫，来保持蛛网的卫生。

有趣的事实

络新妇雌蛛产的卵数目很大，平均超过 3000 个，比任何已知的蜘蛛都多。真是好多的蛛宝宝啊！

弗兰纳里探秘志

凯氏金蛛求偶（埃玛）

大学期间，我参加过一次非常有趣的科研项目——关于凯氏金蛛的科研项目。凯氏金蛛也是一种园蛛科蜘蛛，它织的网呈"十"字形图案。凯氏金蛛雌蛛比雄蛛大得多，雌蛛通过织网捕捉猎物，雄蛛在雌蛛的网边游荡，并拨动雌蛛的网，还在空中摇摆，颤抖着身体，蹦蹦跳跳，以获得交配机会。

我的工作是用高级的科学设备记录雄性凯氏金蛛表演交配舞蹈时的振动。对像我这样一个普通大学生来讲，能在上大学期间，有机会亲眼看见这些凯氏金蛛的生活，可谓机会难得！

吃不了"打包"带走

有时络新妇捕获太多的猎物吃不完，但它不会浪费，会把剩下的猎物用蛛丝包起来，储存在自己的网里。多么明智啊！一旦遇到食物短缺，贮藏的食物就能派上用场。

络新妇也吃蝙蝠

有时络新妇会吃蝙蝠，甚至是鸟！有研究表明，除南极洲外，世界各地都有捕食蝙蝠的蜘蛛。这些蝙蝠在挣脱蛛网时死于疲惫或脱水。络新妇虽然平常吃的是昆虫，不是蝙蝠和鸟，不过它也不会让一顿大餐从眼前白白溜走！

呀！

一只身材高大的雌蜘蛛

科学家在澳大利亚昆士兰发现了迄今为止世界上最大的络新妇。那是一只雌蛛，身长 6.9 厘米，大约和一部智能手机一样宽！

络新妇对人类没有威胁。

多次蜕皮

蜘蛛在成长期间会不断蜕去旧的外骨骼，长出新的、更大的外骨骼。大多数蜘蛛一旦成年，就会停止生长，但络新妇成年后，还能继续蜕很长时间的皮，因此它才能长这么大。

雌雄的差距太大了

络新妇雄蛛和雌蛛的外观截然不同。雌蛛的体重可达雄蛛的上百倍！同一物种的雄雌有不同的外观，叫作"性别二态性"。雌蛛通常比雄蛛大，但络新妇是已知蜘蛛中雌雄体形差距最大的。

蛛丝"按摩"

络新妇雄蛛为了防止自己成为雌蛛的盘中餐，会把丝铺在雌蛛的背上，给雌蛛"按摩"背部，让雌蛛平静下来。

世界上最小的蜘蛛

巴图迪古阿蜘蛛

这种小蜘蛛长相很奇特，屁股像个球，体表呈浅棕色和黄色，有两只眼睛格外大，就像涂鸦卡通画！它体长约为 0.37 毫米，是世界上最小的蜘蛛。一个大头针的针头上就能装下它一家子！1973 年，科研工作者在南美洲的哥伦比亚首次发现了这种小蜘蛛。世界上至少有 45 种微型蜘蛛（体长小于 1 毫米），分布在世界各地的热带地区。像巴图迪古阿蜘蛛这样的小蜘蛛，经常生活在热带雨林中潮湿的落叶间。人们对它们的行为知之甚少，因为这样的微型蜘蛛极难观察到！

巴图迪古阿蜘蛛是世界上最可爱的节肢动物之一！

球状的屁股！

小蜘蛛织的迷你蛛网

巴图迪古阿蜘蛛织出了世界上最小的蛛网，直径不超过 10 毫米。科学家认为，它们能捕食最小的昆虫。

如果想见我，就让我穿得更"珠光宝气"一些吧！

由于巴图迪古阿蜘蛛的体形极小，即使有显微镜，蛛形学家也很难开展研究工作。有时必须使用电子显微镜才能观察到它。这种显微镜使用聚焦电子束观察纳米尺度的细节，1 纳米也就是十亿分之一米那么长！为了更清晰地观察，科学家有时也会给蜘蛛涂上一层金色。

排名第二的竞争者

安娜彼斯图拉蜘蛛是世界上最小蜘蛛的另一个竞争者。目前科学家只发现过这种蜘蛛的雌蛛。雌蛛通常比雄蛛大，如果能找到一只雄蛛，那将会打破巴图迪古阿蜘蛛最小体形的纪录！

纳米比亚社交蜘蛛

大多数蜘蛛都是独行侠，不习惯别的蜘蛛陪伴。只有在交配或同类相食时才聚在一起。但 3 毫米长的纳米比亚社交蜘蛛是个例外，这种小蜘蛛身体有白色和浅棕色斑纹，很喜欢结伴。它生活在庞大的家庭群体中，每个群体成员数目可达 2000 名。在复杂的巢穴深处，它们生活在蛛丝隧道中。从蛛丝隧道中心呈扇形散开的网，用来捕捉猎物。它们一起保护和修复巢穴，合作狩猎，并养育子女。它们在非洲西南部沙漠环境中有刺的树上安家。

近亲繁殖

大部分纳米比亚社交蜘蛛都是近亲繁殖的。

为什么喜欢群居？

生活在大家庭中有很多好处。如果蛛妈妈有蛛阿姨的帮忙，那么蛛宝宝抚养起来就容易多了。如果只由蛛妈妈抚养，那么宝宝死亡的概率就更高。日子不好过时，社交蜘蛛要比独居蜘蛛过得好。一起寻找食物比单独行动要容易得多，并且也不容易被天敌吃掉，因此社交蜘蛛体能就很充足。纳米比亚社交蜘蛛生活在干燥和炎热的环境中，它们团结在一起是有益于生存的。

反刍喂食

小蜘蛛的妈妈和阿姨们会用反刍的食物来喂养蛛宝宝。

哇，真好吃！

天生的蛛宝宝"保姆"

纳米比亚社交蜘蛛的巢穴中大多是雌蛛。其中大约有一半以上的雌蛛从不交配，她们一生都在帮助照顾姐妹们的孩子。

自我牺牲的妈妈

纳米比亚社交蜘蛛又叫食母穹蛛，蛛妈妈把毕生的精力都放在蛛宝宝身上，给它们喂营养丰富的反刍餐，满足宝宝的所有需求。那么她们会得到什么回报呢？让孩子把自己活活吃掉！这一点也不奇怪。一只雌蜘蛛一辈子只繁殖一次，只能活一年。而且沙漠里生活很艰苦，很难找到猎物，被自己的孩子吃掉，也算是临别给了宝宝一顿丰盛的大餐。在卵孵化之前，蛛妈妈就对自己的身体做了一些处理，肚子里的器官开始分解、液化。当蛛妈妈准备牺牲时，器官里有好多汁液，非常适合蛛宝宝喝！蛛宝宝只能和蛛妈妈一同度过两个星期，之后就会爬到蛛妈妈身上，把她吃掉。

蜘蛛和蚂蚁之战

节肢动物也会相互争斗！纳米比亚社交蜘蛛的死对头是好斗的守卫捷蚁。在一些地区，守卫捷蚁能让 90% 的纳米比亚社交蜘蛛群体死亡。一只侦察蚁遇到一群蜘蛛时，会迅速返回巢穴告诉同伴，然后蚂蚁就成群结队地来突袭蜘蛛窝，撕破蜘蛛网，希望能抓到躲在蛛丝深处的蜘蛛。一旦受到攻击，蜘蛛要么逃命，要么用尽全部蛛丝来阻止蚂蚁。纳米比亚社交蜘蛛可以合力击退一只落单的蚂蚁，但遇到蚂蚁群就无计可施了。最终，蚂蚁们肢解死去的蜘蛛，同时撕开茧收集蜘蛛卵。随后，蚂蚁把死去的蜘蛛带回蚁穴，享受蜘蛛盛宴！

你知道吗？

有许多社交蜘蛛很有个性！有的胆小，有的胆大。胆大的往往擅长捕猎，其中胆最大的可以说服胆小的加入它们的行列，一起干掉危险的猎物。

澳大利亚卷叶蛛

你有没有见过一片卷曲的叶子悬在半空的蛛网上？仔细看，还有 8 只小脚伸出来！这种拥有狡猾伪装的蜘蛛是生活在澳大利亚东部的卷叶蛛，身长 5～10 毫米，身体丰满，呈奶油色和棕色，腿呈红棕色。我们通常在澳大利亚丛林里遇见卷叶蛛。

卷叶蛛妈妈，谢谢你的叶子

雌卷叶蛛的体形是雄蛛的两倍。雌蛛卷起树叶作为自己的"家"。雄蛛经常在雌蛛"家"旁徘徊，等待和雌蛛交配。雌蛛把卵产在一片新树叶上，然后用蛛丝把树叶卷好、封起来，挂在旁边的植物上，保证卵的安全。

真厉害！

高明的伪装

卷叶蛛结完网后，会在森林里找到合适的树叶，把树叶放入网中，然后用腿小心地将叶子卷起来，并用蛛丝将叶子固定成漏斗状或圆锥形，做成完美的"家"，躲避黄蜂、鸟等天敌。它通常会伸出一条腿，与蛛网接触。只要有昆虫落网，它就能通过振动感觉到。

"宅家"的蜘蛛

卷叶蛛很少离开卷叶，它只有在找落网的猎物，或用蛛丝修补蛛网时才会"出门"。

时髦的"别院"

有些卷叶蛛的"别院"很独特，它们用旧车票或空蜗牛壳来代替树叶筑巢！蜗牛壳特别方便，因为它本来就是卷曲的。

巨型捕鱼蛛

一条南美洲热带溪流中的鱼可能在想很多事——下一顿饭吃什么或者找一个什么样的玩伴。但也会有一个大多数鱼都没有过的担心——被蜘蛛生吞活剥！巨型捕鱼蛛生活在亚马孙雨林河流、湖泊和池塘等的淡水环境中。雌蛛体长可达5厘米，腿长可达12厘米。身体呈斑驳的棕色，腿又粗又尖。它的"食谱"里不仅有昆虫、蜥蜴和鱼类，还有青蛙，科学家曾观察到一只巨型捕鱼蛛吃掉一只体形比它大两倍的青蛙！

小心"水上飞"蜘蛛！

惊人的捕鱼纪录！

灵智狡蛛（*Dolomedes facetus*）是一种捕鱼蛛，生活在澳大利亚。目前已知的灵智狡蛛捕获的最大的鱼是一条体长9厘米、重10克的金鱼，体形是这种捕鱼蛛的两倍多。

虽然巨型捕鱼蛛体形庞大，但它们能在水面上行走！它们是如何做到的？捕鱼蛛从头到脚覆盖着数百根柔软的疏水毛，就像垫子一样，因此它可以不打破水面的宁静。捕鱼蛛的体形和又长又尖的腿也有助于它在水上行走。

哇！

喜水蜘蛛

除了南极洲之外，世界各地都有许多种捕鱼蛛。只有少数蜘蛛在水下生活，比如潜水钟蜘蛛。

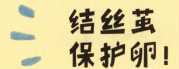

结丝茧保护卵！

交配一周后，雌性巨型捕鱼蛛会结出一个丝状的茧壳来保护卵，并用自己的尖牙携带这个茧。等雌蛛筑好巢后，大约有 100 只小蜘蛛会孵化出来。

巨型捕鱼蛛如果感受到陆地上天敌的威胁，就会迅速潜入水中，然后逃脱！一些捕鱼蛛能在水下停留长达 1 小时之久。

来呀，快来抓我呀！

"见风使舵"的蜘蛛

一些捕鱼蛛会利用水上优势，顺风前行。也许这是世界上唯一会"见风使舵"的蜘蛛吧！

超级老练的猎食者

巨型捕鱼蛛潜入水中时，保存在身上毛发之间的空气会形成一层薄膜，能让蜘蛛在水下呼吸一小段时间。在捕猎时，蜘蛛栖息在岸边，后腿搭在鹅卵石或树叶等固体上。它耐心地等待着。它的躯体呈现斑驳的褐色，能与周围树叶和石头完美融合。当蜘蛛发觉水面有波纹时，它迅速潜入水中抓获鱼或青蛙等猎物，用它锋利的牙齿杀死猎物，然后把猎物拖到水面上。没有什么比在河边独自野餐更享受了！

潜水钟蜘蛛

潜水钟蜘蛛独一无二，在水中的能力顶呱呱！它也是唯一几乎完全生活在水中的蜘蛛。潜水钟蜘蛛身长1～2厘米，身体呈天鹅绒般的深褐色。它最喜欢吃昆虫，生活在欧洲和亚洲的淡水栖息地。

有趣的事实

在水中生活的潜水钟蜘蛛比大多数蜘蛛呼吸的氧气都少。

我的泡泡是怎样形成的？

终年生活在水下的蜘蛛是如何找到足够的氧气的呢？蛛形学家发现，潜水钟蜘蛛通过制造呼吸泡泡来做到这一点！它身上覆盖着一组毛发，用来收集微小气泡，制作一套"氧气潜水服"。然后，它在植物之间结成一个水下蛛网来储存气泡，并将从水中收集的氧气泡泡聚成精致的"潜水钟"大气泡，储存氧气，供它呼吸。雌蛛几乎一生都在这个潜水钟里度过。而雄蛛需要在潜水钟外度过更多的时间，寻找配偶。

敢于特立独行

雌性和雄性潜水钟蜘蛛拥有不同的狩猎技术。雄蛛会冒险走出潜水钟寻找猎物，而雌蛛喜欢出其不意地攻击。一只雌蛛会将前腿垂到水里，待在潜水钟里耐心等待。在制作潜水钟时，它一定会用几根蛛丝做"绊丝"，这样就能及时感觉到昆虫的振动，并迅速扑过去！

哎哟！

泡泡中

求偶

成年的雄性潜水钟蜘蛛找到配偶时，会把雌蛛请出气泡。如果雌蛛乐意，它俩就会围着气泡跳一段"舞蹈"。雌蛛如果不感兴趣，就在气泡周围剧烈地摇晃身体，吓跑雄蛛。

把蚊子当美餐

蚊子非常令人讨厌,喜欢吸人血。虽然成年蚊子常在空中飞行,但蚊子幼虫只会在淡水中生活。潜水钟蜘蛛喜欢吃蚊子幼虫。如果没有它们,就会有更多的蚊子去咬你的脚踝呢!

哦!

名字有什么含义?

潜水钟蜘蛛的学名 *Argyroneta aquatica* 中,*Argyroneta* 指用于制作银光闪闪的潜水钟的丝,*aquatica* 指在水中生活。潜水钟蜘蛛的呼吸气泡与老式潜水钟很相似。潜水钟发明于 16 世纪,是人类探索海洋的一种底部开口的潜水工具。你洗澡时,把杯子口朝下稳稳推入水中,就会发现杯子里有个气团,就像空气滞留在潜水钟里一样。

特例:雄蛛比雌蛛大

雌蛛通常比雄蛛要大得多,但潜水钟蜘蛛的雄蛛比雌蛛要大 30%。或许是因为雄蛛需要长途跋涉去寻找配偶吧,体形越大,就越有利于在水下活动。

好妈妈

雌性潜水钟蜘蛛绝对称得上好妈妈。她产卵后,会一直守护到宝宝孵出,然后还会和宝宝一起生活几个星期。她不会离开宝宝,直到宝宝能独立为止。

巨型食鸟蛛

亚马逊巨型食鸟蛛

巨型食鸟蛛是一种捕鸟蛛。它的尖牙很锋利，长约 2.5 厘米，能向猎物注射毒液。这种毛茸茸的棕色家伙整天待在洞穴里，等着夜幕降临。在黑暗的掩护下，它出来捕食昆虫、青蛙、蜥蜴和啮齿动物等，这些猎物有时比蜘蛛本身还大。别担心，尽管巨型食鸟蛛看起来很可怕，但它对人类没有威胁！而且它虽然名叫"食鸟蛛"，却几乎不吃鸟！

结实的蛛丝

巨型食鸟蛛不织网，但它能吐丝。它的蛛丝很结实，用来铺衬洞穴，让洞穴更稳定。

有趣的事实

雌性巨型食鸟蛛能活 20 年，而雄蛛只能活 3~6 年。

世界纪录保持者

巨型食鸟蛛是世界上最重的蜘蛛，重达 175 克。此外，它的腿长可达 28 厘米，在蜘蛛中排名第二。下次你吃饭时，看看你家盘子的大小——这种蜘蛛能毫不费力地把盘子给全部盖住！

带刺的毛发！

有趣的事实

雌性巨型食鸟蛛用多刺的毛发包裹她的卵囊，防止天敌吃掉她的宝宝。

2009 年，一名英国男子在清理他的宠物捕鸟蛛笼子时，这只蜘蛛丢出了一团带刺的毛发。后来他的眼睛又红又痛，持续了 3 个星期。医生用放大镜观察到他的眼睛里有几根小捕鸟蛛的毛。希望他下次清理宠物笼子时戴上护目镜吧！

哎哟！

走开！

毛发防御

当巨型食鸟蛛受到威胁时，它的"武器库"中有几种防御武器。首先，它会摩擦两对前腿发出巨大的咝咝声用来警告，5 米外都能听到。如果警告没起作用，它就会用后腿摩擦腹部，将多刺的毛发抛向空中。这些毛发形似微型鱼叉，可刺痛眼睛，刺激皮肤，让天敌疼痛不堪。这些刺状毛发称作螫毛。

你可能会感到惊讶，为了生存，就连如此大块头的蜘蛛都活得很小心。没有点真本事还真不行！

52

早餐吃一条大蠕虫，晚餐吃一条蛇

超大号的动物通常喜欢超大号的猎物。巨型食鸟蛛是巨型蚯蚓的天敌。巨型蚯蚓能长到 1 米多长，和一个 5 岁孩子的身高差不多！有人曾看到巨型食鸟蛛啃食近 10 厘米长的巨型海蟾蜍。有时它还吃蛇。2015 年，科学家首次发现了一只乌拉圭黑美人（一种捕鸟蛛）正在吃一条 39 厘米长的蛇。科学家认为，这条蛇可能是意外进入了这只捕鸟蛛的巢穴。

巨型食鸟蛛一旦抓住猎物，就会把它拖回洞穴里独享。

请注意斯文点哦！

你知道吗？

巨型食鸟蛛发出的咝咝声就是摩擦发音。蟋蟀和蚱蜢发出的唧啾声也是通过这种发音方式发出的。

太酷了！

斯里兰卡花边华丽雨林蜘蛛

斯里兰卡花边华丽雨林蜘蛛移动速度快，毒性强，腿部粗壮，可长至 25 厘米！它喜欢炎热潮湿的热带气候，生活在岛国斯里兰卡。它也是一种捕鸟蛛。

斯里兰卡花边华丽雨林蜘蛛因其毛茸茸的球根状身体上的独特图案而得名。

伏击型掠食者

斯里兰卡花边华丽雨林蜘蛛喜欢在黎明前或日落后,天蒙蒙亮或刚擦黑时狩猎。它是专业的伏击掠食者,不用蛛网。它捕食昆虫、小鸟,甚至蝙蝠。这种蜘蛛有绝佳的伪装,在树上耐心等待,一旦猎物接近,它就会向前猛冲,将毒液注入猎物体内。当猎物停止挣扎后,它便开始大快朵颐。

名字有什么含义?

斯里兰卡花边华丽雨林蜘蛛的学名是 *Poecilotheria ornata*。*Poecilotheria* 意思是"有斑点的野兽",*ornata* 是"装饰的"。

会吐丝的脚

科学家通过观察捕鸟蛛滑倒时留下的丝制小足印,推测捕鸟蛛步足上的毛发间可能有微型产丝器官。如果这是真的,当它们攀爬光滑表面时,能从步足上吐丝来保证安全!

斧头一样的尖牙

捕鸟蛛在攻击猎物时向下、向前摆动尖牙,就像斧头劈柴一样。捕鸟蛛会将猎物逼到树或地面等坚硬的表面上,然后抬起前半身,尖牙就能成功刺穿猎物。

捕鸟蛛里的特例

大多数捕鸟蛛生活在地下用蛛丝铺衬的洞穴里。斯里兰卡花边华丽雨林蜘蛛是捕鸟蛛的特例，它是树栖动物，家就是树洞！

雌性的个性大不同

同物种的雌性捕鸟蛛个性截然不同！有些好斗，胃口大，长得又大又胖；而有的很温顺，吃得也少。攻击性强的雌蛛很可能在与雄蛛交配前吃掉它，温顺的雌蛛在攻击雄蛛之前会先完成交配。

一只不大可能拒之门外的青蛙朋友

斯里兰卡花边华丽雨林蜘蛛生活在充满水的树洞里，如果你向里望去，可能会发现一只"友好"的青蛙！还有这两种动物的卵或宝宝。但是，稍等——这只雨林蜘蛛很有可能把青蛙当早餐！不过，斯里兰卡花边华丽雨林蜘蛛非但不吃它，反而还会保护青蛙和蝌蚪。更重要的是，这种雨林蜘蛛吃剩下的食物正是蝌蚪最爱吃的，而且这些残羹剩饭会引来成年青蛙的食物——小昆虫。作为回报，青蛙也会保护小蜘蛛免受蚂蚁的攻击。巨大的捕鸟蛛捕捉小蚂蚁很不方便，但对青蛙来说，这就是小事一桩。这种奇妙的友谊在生物界叫作"互利共生"。

真是一对绝妙的黄金搭档啊！

巨型猎人蜘蛛

在一只巨大的猎人蜘蛛身上，一只步足和对角的另一只步足之间的距离有 30 厘米，比一般成年人的脚还长！不过它既害羞又不常见。它生活在东南亚的老挝，喜欢生活在黑暗的洞穴中。它有淡黄褐色的身体，瘦长的腿上还长有深色的条纹。

见识一下世界上以腿的跨度最大而闻名的巨型猎人蜘蛛吧。

谢谢，
妈妈！

雌性巨型猎人蜘蛛是最有爱心的母亲。她夜以继日地守护着卵囊，照看新孵化的蛛宝宝好几个星期。某些卵囊能有高尔夫球那么大！

是否同类相食？

雌性巨型猎人蜘蛛经常吃掉它们的配偶，但有些巨型猎人蜘蛛并不会同类相食。

小家园，大忧患

巨型猎人蜘蛛很罕见。它只存在于世界上的几个小地区，也许只在少数几个洞穴中。居住面积很小的珍稀动物很容易灭绝，巨型猎人蜘蛛面临着气候变化带来的十分严重的威胁，因为与地表动物相比，洞穴中的动物对温度变化的耐受性较低。随着气候变化，气温升高，洞穴可能成为许多地面蜘蛛的避难所，那么巨型猎人蜘蛛可能会发现自己的家比平时更湿软，寻找猎物的竞争也会更加激烈。

隐藏很深的珍稀动物

腿之间跨度最大的蜘蛛应该是不容易错过的。但巨型猎人蜘蛛这类新物种直到2001年才首次被发现。它喜欢住在洞穴里，很好地隐藏起来，躲开人类。世界上只有少数人见过活着的巨型猎人蜘蛛。

弗兰纳里探秘志

厕所里的蜘蛛（蒂姆）

我是一名热爱探险的生物学家，多年来一直在跟踪记录新几内亚岛的哺乳动物。我经常住在村子里，那里的厕所有时很可怕。其中有一个特别低的厕所，即使我完全弯下腰，也很难钻进去。就在那里，有许多大块头的猎人蜘蛛。不过还好，通常我都能弯腰避开它们。有几次猎人蜘蛛都从我的头顶擦过。但我不想抬头看，也不知道究竟遇到了多少猎人蜘蛛！

哎哟！

社交型猎人蜘蛛（蒂姆）

我上大学时，曾和古生物学家汤姆·里奇博士一起做过考古志愿者。维多利亚西部有一个格兰奇·伯恩山庄，我们每年都去。那里古老的熔岩流下，有雨林化石和古生物化石，保存得相当好。

有一年，天气乍暖还寒时，我们住在老剪毛工家里，就在我抱起一捆原木准备生火时，几十只猎人蜘蛛突然从树皮下钻了出来，我顿时吃了一惊：我遇到了一窝为数不多的社交型猎人蜘蛛。一块树皮下大约有50只。我尽可能地用扫帚赶走它们，希望它们能找到另一个家！

巨型猎人蜘蛛中的特例

巨型猎人蜘蛛一生大都是独来独往，只有少数是社交型的。有一种叫埃文代尔蜘蛛，曾发现过一位单身蛛妈妈带着150个蛛宝宝，群居生活在树皮下。这种社交猎人蜘蛛是在澳大利亚被发现的。最大的雌蛛体长4厘米，腿的跨度长达15厘米。因此，我还是建议你：在剥开树皮前，一定要三思哦！

专业猎手

猎人蜘蛛狩猎时不用蛛网，而是利用微小的振动和视觉感知。它常吃昆虫，也吃小蜥蜴和壁虎。巨型猎人蜘蛛如果要用眼睛观察猎物动向，就很有可能常待在洞穴入口，因为洞口视线更好。也有的穴居动物没眼睛，当然了，长期生活在不见天日的洞穴深处，视力功能自然会退化。

"侧手翻"式逃跑

并不是所有的猎人蜘蛛都喜欢跑步，有些就喜欢"侧身翻跟头"！

金轮蜘蛛来自非洲南部的纳米布沙漠。它能蜷缩成轮子模样，侧身翻着跟头从沙丘下来，侧翻速度高达每秒 44 圈。这种动作是为了快速逃离它的死对头——寄生蜂。摩洛哥后翻蜘蛛也喜欢以侧手翻来躲避天敌，这个小家伙侧手翻的速度，达到了已知蜘蛛的最高速度之一。科学家受到启发后，用同样的技术制造了一个行进速度超快的机器人。

哇！

天生是跑步的料

世界上有 1000 多种猎人蜘蛛。它们天生都是扁平的身体，腿向前弯曲，便于藏在树皮下或岩石裂缝中。但猎人蜘蛛会时不时地进入人类房子或汽车，给人们带来惊吓！它的长腿很适合追赶、捕捉猎物。只要在自家房子的墙壁或天花板上见过猎人蜘蛛的人，都知道这些家伙跑得很快。世界上最快的猎人蜘蛛能达到每秒 42 倍身长的速度——目前世界上跑得最快的人（尤塞恩·博尔特）只能达到每秒 5 倍身长。

这速度简直逆天了！

活门蜘蛛

蛛丝太神奇了！除了能织蛛网，还有很多用途。活门蜘蛛是螲蟷科八纺蛛属的一种蜘蛛，会用蛛丝给深深的洞穴构筑一个活板门，因此得名。它的洞口形状是个近乎完美的圆形，大小刚好让自己挤进去。蜘蛛渐渐长大，洞穴也相应扩大。活板门由蛛丝编织而成，并用蛛丝固定在洞穴一侧。这种蜘蛛是在澳大利亚的西南部被发现的。这些活门蜘蛛身体很健壮，身体呈球根状，腿很粗。活门蜘蛛有黑色的，也有深棕色的，身体两侧毛发密集。雌性活门蜘蛛体长可达 4 厘米。

洞穴，最安全的地方！

每逢恶劣的自然条件，例如干旱或森林火灾期间，澳大利亚的活门蜘蛛可以深居在洞穴，保证安全。

可千万不要张冠李戴

活门蜘蛛对人类无害，它的近亲漏斗网蜘蛛虽然跟它长得很像，却毒性巨强，极其致命！

不同寻常的绝杀技

活门蜘蛛狩猎时，会从周围的灌木丛中收集许多小树枝，小心地放在洞口边缘。树枝就像花瓣一样，从活板门向外绽开。然后它进入洞穴，关上门，在黑暗中耐心地等待昆虫来到树枝上。一旦感觉到猎物到来，蜘蛛就会猛地冲出活板门，对猎物进行突然袭击！

怎样求偶?

雌性活门蜘蛛大半辈子都生活在洞穴里,那这种雌蛛是如何找到配偶的呢?科学家从一张臭烘烘的"迎宾垫"里找到了答案!当雌蛛准备交配时,就在洞穴外织一张网,向网中释放信息素,来吸引雄蛛的注意。

雌雄的命运大不同

在生命伊始的 6 个月里,活门蜘蛛宝宝生活在完全黑暗的环境中,而且只能待在母亲密封的洞穴里。小蜘蛛有了独立能力后,就会离开家园,去寻找属于自己的地方。一旦发育成熟,这些雌蛛就能在一个洞穴中度过一生。但雄蛛大不一样,一旦发育成熟,它就会离开洞穴,去寻找配偶。在交配后不久,雄蛛就会死亡,不会像雌蛛那样活得很长。

一只长寿蜘蛛

你知道世界上年龄最长的蜘蛛能活多少岁吗? 43 岁!一只名叫盖乌斯 16 号的活门蜘蛛保持着这一长寿纪录。其次是一种捕鸟蛛,活了 28 年。盖乌斯 16 号蜘蛛为什么被称为"16 号"呢?这是科学家给它的洞穴编的序号,该洞穴位于西澳大利亚州珀斯东部的一个自然保护区。然而盖乌斯 16 号不是老死的,而是被一只寄生蜂蜇死的。

蜘蛛夫人

芭芭拉·梅因是澳大利亚的一名蛛形学家。她一直负责照料盖乌斯 16 号。她一生都很敬业,她和她的团队每 6 个月检查一次这只蜘蛛。有一名研究人员为了庆祝盖乌斯 16 号 40 岁生日,希望给这只蜘蛛喂食一条黄粉虫,但遭到了芭芭拉的拒绝,她不允许这项研究有任何干扰!有一部名为《蜘蛛夫人》的纪录片,记录了这位科学家及其工作。

赤背蜘蛛

这种蜘蛛很好辨认，黑色的身体光泽透亮，还有一条红色条纹。雄蛛的体形大约是雌蛛的一半，而且要瘦得多。它生活在澳大利亚，经常出现在院子里的棚屋、盆栽植物旁，甚至椅子下面。

雌蛛的球根状屁股很漂亮，腿又长又尖！

球根状屁股！

黄蜂袭击赤背蜘蛛

有个 9 岁大的西澳大利亚州的男孩，特别喜欢在花园里观察小动物的生活，还目睹了一件难得一见的事情。一只黄蜂蜇伤了一只赤背蜘蛛，把蜘蛛折磨得动弹不得，然后黄蜂把它拖回了巢穴。他的父母得知以后，就拍了照，并把照片送到了当地博物馆。科学家对这一发现非常激动，为此还写了一篇重要的科学论文。也许下一个伟大的发现正等着你呢！

伤人及治疗

赤背蜘蛛咬伤人的事件经常发生。它的毒液很致命，但其毒性发作得很慢，用抗毒血清就很容易治愈。自从人类研发出了抗毒血清以来，全世界仅发生过一个赤背蜘蛛致死案例。

给孩子的临别馈赠

在交配前、交配中或交配后，雌蛛都想着要吃掉雄蛛。大多数雄蛛都想摆脱这种被动挨宰的窘境，而雄性赤背蜘蛛竟然乐意被吃！交配后，雄蛛会翻跟头旋转，将自己送到雌蛛嘴边，这是给未来孩子的临别馈赠。雌蛛吃掉雄蛛会得到更多滋补，也就越有可能繁衍更多的宝宝。

年度最佳 "网络" 设计大奖得主

乍一看，赤背蜘蛛织的网如一团乱麻。但仔细一瞧，却是经过精心设计的。原来这是在两个平面之间构建起来的，由好几个部分组成。蜘蛛隐藏在最上面。最下面用来捕猎，有起着支撑作用的绷丝，拉紧后能产生张力；还有又细又黏的绊丝，猎物一旦被绊倒就很难逃脱。猎物陷进网中后，绷丝断裂，猎物被抛向空中同时粘在绊丝上。猎物挣扎时，振动的蛛丝提醒蜘蛛，蜘蛛就像钓鱼一样把上钩的猎物拉上来。蜘蛛利用这种三维网，捕捉平常难以捕捉的猎物，比如蚂蚁、蟑螂，还有其他蜘蛛，甚至蜥蜴等。

天才设计！

网护蜘蛛

盗蛛有肤色和体形上的差别。它的身体修长，末端长着尖尖的屁股。它捕猎时，两对前腿会紧紧地盘在一起。它在欧洲很常见，喜欢生活在茂密的草丛、灌木丛及湿地或沼泽中。它还喜欢晒太阳。

让你见识一下最厉害的缩腿藏身法！

伟大的母爱

奇异盗蛛妈妈随身携带自己的卵囊，尽职尽责地照顾着宝宝。而盗蛛的警惕可不止于此：当她的宝宝准备好孵化时，她用蛛丝为宝宝建造自己的"育婴网"，以防外界干扰。她将卵囊放入育婴网，在卵囊上开个小口，然后守在育婴网顶端站岗，直到孩子长大后才离开，因此奇异盗蛛也叫网护蜘蛛。

这是一位了不起的蛛妈妈！

蜷，蜷，蜷……使劲蜷！

奇异盗蛛休息时，有时会把腿蜷缩在一起，似乎一点也不像蜘蛛。这一举动能有效地躲避天敌。

狩猎根本用不上蜘蛛网

奇异盗蛛不用织网狩猎，狩猎技术顶呱呱。它视觉很好，擅长快速短跑。它隐藏得很深，常躺在地上或藏在植物上，伺机狩猎。它最喜欢吃苍蝇等小昆虫。

防止被吃！

奇异盗蛛中许多雌蛛都会吃掉雄蛛，但并非所有的雄蛛都坐以待毙！在交配时，有的雄蛛就启用长腿，把雌蛛裹在丝网里。

看谁骗过谁？

蜘蛛的最爱是一只裹在蛛丝里的死昆虫！为了说服雌蛛来交配，雄蛛经常带一份美味的礼物给雌蛛吃。这种现象就像"送彩礼"。但抓昆虫可不容易……万一自己饿了呢？那就自己吃了礼物呗！没问题，包个假礼物就行了！一些雄蛛常把无用的树枝、种子或吃剩的昆虫残体打包成"礼物"，希望能在雌蛛面前蒙混过关。其实雌蛛很清楚雄蛛惯用的伎俩，有时还没有交配，她就把对方的礼物偷走了！看谁技高一筹！哈哈，这一个个的，都好狡诈呀！！！

谁的脸皮最厚？

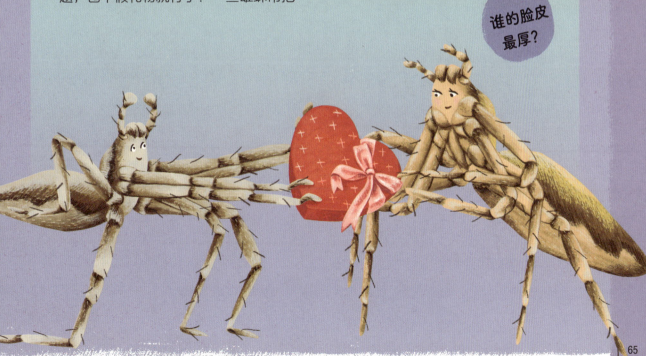

鬼面蛛

脸部最可怕奖得主的蜘蛛非"鬼面蛛"莫属！鬼面蛛也叫撒网蛛，长着一双巨大的圆眼睛，就像没有月亮时的天空一样漆黑。眼睛下面是一副毛茸茸的厚尖牙，一副随时准备消灭猎物的架势。它通体呈棕褐色或棕色，体长只有几厘米，8 条细长的腿长在木棍状修长的身体上。这种蜘蛛主要分布在美国、加勒比地区和南美洲部分地区，喜欢栖息在森林里。它是夜行动物，白天休息，晚上捕猎。

精打细算的小机灵鬼

有时鬼面蛛没能捕到猎物，而织网又费时费力，因此这个小家伙会把没用过的网放在附近的树叶上储备起来，以备不时之需。很会过日子哦！

服了，真是聪明绝顶！

绝妙的伪装

鬼面蛛的身体和腿呈棍状，白天它在森林里能很好地伪装。鸟类在觅食时，就会把它误当成树枝。

有趣的事实

世界上有 60 多种鬼面蛛。

"侦听"小专家

鬼面蛛既能捕食在蛛网下面爬行的猎物，又能捕食在蛛网上方飞行的猎物。科学家有实验证明！科学家把这个小家伙的眼睛蒙住，结果发现，它就不能再捕捉蛛网下面的动物了。这意味着夜间捕猎时，鬼面蛛需要用两只大眼睛寻找爬行的猎物。不过，它还能捕捉空中飞行的猎物！那它是怎么做到的呢？科学家录制了昆虫飞行的声音，在鬼面蛛上方播放。结果发现鬼面蛛腿上有个特殊器官，能探测猎物飞行的声音。当猎物从蜘蛛上方飞过时，鬼面蛛就会撒网将其捕获。

太神奇了！

夜间视力最好的蜘蛛

几乎所有的蜘蛛都有 8 只眼睛，鬼面蛛也不例外。它的大多数眼睛都很小，只有一对大眼睛，像探照灯一样朝前长，直径 1.4 毫米，是鬼面蛛的夜眼。这对眼睛之大，是所有蜘蛛眼睛之最！能在弱光下探测猎物。鬼面蛛眼睛对光的敏感度是人眼的 2000 多倍。鬼面蛛是夜间视力最好的蜘蛛，而白天视力最好的蜘蛛是缨孔蛛。

幕后"黑客*"

其他蜘蛛经常趴在一张结好的大网上。相反，鬼面蛛常倒挂在植物之间，在蛛腿间结一张小网。这张小网绕成圈，有弹性，像陷阱一样，很适合捕捉蠕动的小动物。一旦猎物爬近，它就会迅速扑下，将猎物困住。那它怎么知道何时撒网呢？看便便！鬼面蛛把它白色的粪便喷射到地面。当有动物走过这个标记时，鬼面蛛就知道是时候撒网了。这家伙像是在幕后操纵的"黑客"，当它感到上面有猎物飞过时，它就会一个后空翻，把猎物困在网里！

* 黑客：拥有高深的计算机及网络知识，能够躲过系统安全控制，进入或破坏计算机系统或网络的非法用户。

悉尼漏斗网蜘蛛

现在，你有幸见到世界上最臭名昭著的一种动物——悉尼漏斗网蜘蛛！在蜘蛛中，它的毒液最致命。它身体呈深棕与亮黑色相间，体长可达 5 厘米。毒液是从毒牙中流出来的。这种毒液是一种神经毒素，会影响人的大脑、脊柱和神经。这种蜘蛛常见于澳大利亚新南威尔士州东部，一般在原木或岩石下的洞穴中安家。在长满草的公园里通常很少见到。它受到威胁时，会抬起后腿，露出可怕的尖牙。

你知道吗？

世界上有 40 多种漏斗网蜘蛛，有些长着可怕的大红尖牙！所幸它们并不是都对人类有害。

这是一则远离警告，相信我——你得听劝！

一种拥有超强毒液的蜘蛛

地球上最致命的蜘蛛毒液！

惊人的尖牙

漏斗网蜘蛛的毒牙并排长在一起。与大多数蜘蛛不同，它的毒牙在攻击时会聚在一起。毒牙很锋利，能咬穿旧皮鞋，甚至人的手指甲。

靠信息素求偶

成年漏斗网雌蛛和幼蛛一生中大部分时间都在洞穴里度过。成年雄蛛一旦到了交配的年纪，就会寻找配偶。但雌蛛藏在地下，雄蛛如何才能找到呢？靠信息素。雌蛛洞穴周围的蛛丝中就含有信息素，这是一种气味信号。雄蛛探寻到这些气味后，离配偶也就不远了。

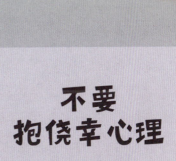

掉入 我的陷阱
就认栽吧

漏斗网蜘蛛还会设置陷阱来猎食。只要在洞穴周围布满蛛丝，一旦昆虫或小蜥蜴走上蛛丝，它就会立刻察觉到，随即冲出来，出其不意地抓住猎物。然后它带着战利品回到洞穴，再慢慢享用。

为何如此致命？

悉尼漏斗网雄蛛的毒液毒性比雌蛛或幼蛛的大得多。雄蛛长途跋涉求偶，生活环境更危险，在外游荡时间越长，越容易遇到危险，因此雄蛛需要更加致命的毒液，以免受到天敌的伤害。

不要 抱侥幸心理

如果你的狗狗或猫咪被漏斗网蜘蛛咬了，别慌，它们大多数在半小时内能抵抗住毒液的毒性，不会致命。但这种毒液对人类很危险，被漏斗网蜘蛛咬伤后，千万不要抱侥幸心理！

别怕，有抗毒血清！

在澳大利亚，曾有13人被漏斗网蜘蛛毒死。不过自从抗毒血清发明以来，就再也没有相关的死亡记录了。为了生产抗毒血清，必须将毒液从蜘蛛毒牙中像"挤奶"一样挤出来。而生产一剂抗毒血清需要挤70次毒液！在新南威尔士州的澳大利亚爬行动物公园中，有5位全职工作人员，每天要挤出500只蜘蛛的毒液！

毒液也能治病

蜘蛛毒液里可能含有数千种成分。人们发现这些成分有意想不到的用途，特别是在医学方面。最近，研究弗雷泽岛漏斗网蜘蛛的科学家在毒液中发现了一种名为"Hi1a"的成分。Hi1a能够防治心脏病发作对心脏造成的损害，还能用于器官移植中，在运送供体心脏的途中，Hi1a能防止心脏腐烂。

隐士蜘蛛

棕色隐遁蛛

隐士蜘蛛超级害羞，喜欢待在人们的家里，经常藏在黑暗的地方。这个小家伙只有6~20毫米长，浅棕色的大肚子有点像花生，身体覆盖着一层非常细的毛，腿的末端呈锥形。这种蜘蛛大多分布在美国南部。

我的肚子像花生！

有趣的事实

隐士蜘蛛很特别，只有6只眼睛，成对排列成半圆形。这一特征能帮助人们识别这种蜘蛛。

我可以搭顺风车吗?

隐士蜘蛛经常在人类的意外帮助下四处旅行。它寿命很长,能几周不吃饭,很适合趴在家具或建筑材料上偷偷旅行。一只雌蛛在一次交配后,大约能产150只宝宝。

名字有什么含义?

隐士蜘蛛的学名是 *Loxosceles reclusa*。*Loxosceles* 意思是"倾斜的腿",它休息时会微微斜着腿,*reclusa* 意思是"隐士"。

给隐士蜘蛛讨个公道?

被隐士蜘蛛咬伤后会很可怕,但它一般不愿意咬人!许多人讨厌它,实在有失公允。在美国,有人在家中发现了多达2055只隐士蜘蛛!但他们从来没有被这种蜘蛛咬伤过。

咬伤后很严重

隐士蜘蛛喜欢住在离人类很近的地方。因此偶尔会有人遭到它的攻击。它的毒牙很小,咬人不痛,大多数人被咬后只会起一个小疙瘩。而有10%的人被咬后会发热、呕吐,甚至皮肤坏死,很可能导致大面积的皮肤溃疡。更可怕的是,溃疡的皮肤会变黑,周围渗出脓液。啊?咬伤的后果有时会非常严重。隐士蜘蛛及其近亲是少数携带坏死性毒液的蜘蛛。

极速狼蛛

狼蛛在夜间捕食昆虫和其他蜘蛛。它就像狼一样，从远处跟踪猎物，选择好时机后就猛扑过去，出其不意地袭击。狼蛛是蜘蛛界里的赛跑高手。大多数狼蛛是游猎型的，不结网，也有一些生活在洞穴中或植物下面。极速狼蛛分布在美国，体色为浅棕色，带有深棕色条纹。这种体色可以让它与地面的落叶混在一起。它有8只眼睛，如果仔细观察，会发现其中4只眼睛横向排列在尖牙上方，很像一撮小胡子！雌蛛能长到2厘米长，是雄蛛的两倍大。

无处不在的狼蛛

狼蛛种类超过2000种，可以生活在冰冷的北极、高耸的岩石山脉和夏威夷火山熔岩形成的洞穴等最极端的环境中。狼蛛几乎无处不在，甚至在澳大利亚的城市郊区也能发现。怎么去寻找狼蛛呢？到了晚上，用手电筒在澳大利亚居民住宅的后院照一照。如果看到一群发光的眼睛，很有可能就是狼蛛！

蜘蛛也跳"踢踏舞"？

雌性极速狼蛛准备交配时，会在地面上铺一条蛛丝。雄蛛如果发现了，就会沿着这条丝一直走到雌蛛面前。一旦相遇，雄蛛就扭动身体，跳一小段"踢踏舞"。求偶期间，雌蛛也会释放一种特殊气味。

为了展示自己

壮硕的雄蛛跳起舞来很有活力。通过腿的摆动和拍动，雌蛛可以判断雄蛛的体能，进一步确认是否进行交配。

驮在背上养育

雌性狼蛛用自己的蛛丝制作卵囊，精心照料宝宝。等到卵孵化后，雌蛛将宝宝驮在背上，小蜘蛛独立之后就离开了。

酷爱蟾蜍

有些狼蛛口味偏重。比如生活在澳大利亚昆士兰的一种狼蛛，以体形远大于自身的巨型海蟾蜍为食。

海盗蜘蛛

拟态蛛

如果能抢占蛛网，那还要自己辛苦去织网干什么呢？海盗蜘蛛很狡猾，以织网蜘蛛为食。它小心翼翼地踏上一张蛛网，轻轻拨动丝线，像极了一只被困的昆虫在挣扎，或者一只体形更小的蜘蛛企图来吃白食，让织网蜘蛛相信它的晚餐到手。织网蜘蛛都会动心思，到振动处查看。它一旦靠近，海盗蜘蛛就发动攻击，将致命的毒液注入织网蜘蛛，并将其吞食。

致命一击

海盗蜘蛛是专业猎食者。这种蜘蛛有的毒液非常致命，不到一秒就能杀死对方，但只针对一种蜘蛛——它喜欢猎杀的那类！它会避开猎物的毒牙，而专攻猎物的腿。

名字有什么含义？

海盗蜘蛛的科名是Mimetidae，即"模仿者"。海盗蜘蛛是深藏不露的顶级模仿者！

你知道吗？

海盗蜘蛛有160多种，分布在全球各地。

靠蛛网捕食

海盗蜘蛛无法织网。有趣的是，它确实需要蛛网来捕食。科学家把它和猎物放在一起时，海盗蜘蛛并不会主动攻击！

长触肢保证安全

雄性海盗蜘蛛在交配中常被雌蛛吃掉。在某些海盗蜘蛛中，雄蛛的触肢是其身体的两倍长。科学家认为，海盗蜘蛛的长触肢可以保证远距离交配，免遭雌蛛的毒手。

三十六计，走为上计

有的织网蜘蛛感觉蛛丝振动不对劲时，会意识到很可能是海盗蜘蛛来了。它也不会出去探查，等到海盗蜘蛛靠近时，它就顺着从蛛网上垂下的蛛丝迅速逃跑，溜之大吉。

踮起爪子爬行

在海盗蜘蛛每条腿的末端，都有3个小爪子。它们在蛛网上都是踮起爪子，小心翼翼地爬行，以防打草惊蛇。

"铁门闩"

海盗蜘蛛用带刺的大长腿把猎物包裹起来。它的长腿就像铁门闩，猎物挣脱不开，很快就被杀死并吞食。

刺客蜘蛛

刺客蜘蛛也叫鹈鹕蜘蛛，是地球上最奇怪的蜘蛛之一！它在 5000 万年前的树琥珀化石中首次被发现。多年来，科学家一直认为这种蜘蛛和恐龙一样灭绝了，直到在马达加斯加岛上发现了一只活着的刺客蜘蛛。此后，相继在南非和澳大利亚发现了大约 90 种刺客蜘蛛。刺客蜘蛛也是知名的"活化石"。

"刺客"一点都不可怕

不要害怕刺客蜘蛛，它不会来追咬你！它只有小米粒那么大，只捕食其他很小的蜘蛛。

刺客蜘蛛进化改良的长长的口器就是它们的螯肢。

有趣的事实

我们是双胞胎吗？

名字有什么含义？

刺客蜘蛛即 Archaeidae 科蜘蛛，其来自古希腊语 archaeo，意思是"古老的"。

讲究策略的猎食者

人们很容易将刺客蜘蛛误认为是外来物种：长着球根状的屁股、细长的腿，伸着长长的"脖子"。尽管形状怪异，但对偷偷捕食其他蜘蛛的猎食者来说，这个体形却是绝妙无比。刺客蜘蛛在夜间狩猎，循着其他蜘蛛留下的蛛丝寻找猎物。它有改良的口器，其覆盖着尖刺，末端是尖牙。这些口器很长，看起来就像鹈鹕的喙。它这个特点作用很多，在一定的距离范围内，既能发动有效攻击，又能避开被猎食的蜘蛛的毒牙。刺客蜘蛛在这段距离内困住猎物，用尖刺给猎物注射毒液，静静等待猎物身上的毒性发作。

真是难以置信！

黑脚蚂蚁蜘蛛

东非的黑脚蚂蚁蜘蛛一定会在时装秀上获得最佳服装奖！但千万别被它光鲜的外表迷惑了。就像蜘蛛特工，它擅长模仿蚂蚁的外表和行为，最具欺骗性。

有趣的事实

黑脚蚂蚁蜘蛛实际上是一种跳蛛。

与危险的敌人共处

蜘蛛模仿蚂蚁主要有两个原因。首先是为了自我保护。蜘蛛是许多天敌的美味，而蚂蚁极其酸涩难吃，因此天敌选择避开它们。其次是假装成蚂蚁可以让蜘蛛更容易找到食物。经过伪装的蜘蛛可以自由出入蚁巢，尽情享用蚁卵和幼蚁，而不被蚂蚁察觉！

脸皮可真厚呀！

这儿没什么可看的……

有成百上千只蜘蛛模仿着蚂蚁，每一只都穿着奇装"蚁"服。

有些蜘蛛也会偷偷杀死自己模仿的成年蚂蚁，并吃掉它们。附近的蚂蚁靠近时，蜘蛛用死蚂蚁的身体作掩护，让其他蚂蚁相信，它只是在帮忙把同类的尸体带离巢穴。

"偷来"的群居生活

蜘蛛通常是独居动物，它对同类也具有攻击性，甚至到了同类相食的地步！然而蚂蚁喜欢群居，生活在群体中，一起觅食，互相帮助抚养后代。有趣的是，黑脚蚂蚁蜘蛛也能和蚂蚁一样像模像样地群居。在一个复杂的蚁穴中，能有多达50只蜘蛛模仿蚂蚁共同生活。每只蜘蛛都有自己的巢穴，之间有蛛丝相连。太像了，这些蜘蛛竟然真的把自己当蚂蚁了！

模仿体味

蚂蚁用身体散发的气味进行交流，有些蜘蛛就连体味也能模仿蚂蚁，好让自己混进蚂蚁群中。

滥"蚁"充数

蚂蚁是一种昆虫，有6条腿、两个触角，有头、胸、腹3个主要部位。而蜘蛛是蛛形纲动物，有8条腿和头胸部、腹部两个主要部位。那么蜘蛛是如何完成乔装改扮的呢？首先，蜘蛛有个假腰，很细，看起来很像有3个身体部分。但多出来的两条腿呢？伪装成蚂蚁的触角！蜘蛛把多余的两条腿高高举起，四处摆动，就像蚂蚁用触角探索。这种狡猾的蜘蛛还模仿蚂蚁的体毛、颜色和光泽。更神奇的是，这种蜘蛛的眼睛甚至也有像蚂蚁眼斑那样的假眼斑。

真会装啊！

极其怪异的吃法

蚂蚁会从蚧壳虫（蚜虫）的肛门"挤奶"！蚧壳虫体形小，呈椭圆形，吸食植物的汁液，肛门能分泌出"蜜露"，即一种充满糖分的黏液，这不仅是蚂蚁首选的小吃，也是黑脚蚂蚁蜘蛛的最爱。"挤奶"行为在某些蚂蚁中很常见，但在蜘蛛中很少见。

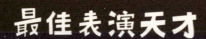

最佳表演天才

黑脚蚂蚁蜘蛛不但能巧妙地融入蚁群，而且不会引起蚂蚁的怀疑！蜘蛛和蚂蚁都是通过打招呼确认身份的。两只黑脚蚂蚁蜘蛛在蚁群中相遇时，会向对方展示蜘蛛舞。而两只蚂蚁偶遇时，会触摸彼此的触角。然而，当蚂蚁接近黑脚蚂蚁蜘蛛时，黑脚蚂蚁蜘蛛会躲开，避免暴露自己。要是无法避开，它会保持冷静，开始展示演技，用两条前腿作"触角"向蚂蚁打招呼，以打消对方的疑虑！

球体蛛

织网是蜘蛛捕食昆虫的一种独创方式，但网主人必须耐心等待猎物。有一种提高蜘蛛捕食概率的方法：用黏糊糊的网弹向猎物！球体蛛就是用蛛网弹射捕猎的高手。

最快的加速度

球体蛛的加速度是地球动物中最快的——猎豹的 100 倍！

比猎豹还快！

小小的球体蛛体长不到 3 毫米。

你知道吗？

球体蛛借助织网的张力弹射自己，让自己加速，而不靠自身的运动能力，太聪明了！

高速录像

球体蛛移动速度太快，科学家用肉眼很难观察它，就用高速摄像机研究。放慢播放速度，就能仔细观察这个"超胆侠"是如何利用蛛网将自己弹射到空中的。

加速度比火箭还快!

还有一种蜘蛛会把自己弹射到猎物身边,这就是三角织布蜘蛛。它的网弹射的加速度比火箭还要快!猎物还没反应过来,就被制服了。它不同寻常之处在于它没有毒。它用黏黏的丝紧紧地包裹住猎物,然后把消化酶喷到猎物身上,使其液化,杀死猎物。

准备,就绪,发射!

球体蛛是怎么织成弹射网的呢?第一步,就像许多蜘蛛一样织一张普通的网。但球体蛛是天才,它从网的中心向后拉出一根丝,形成一个圆锥形,把丝固定在网后面的锚上,比如树枝上,然后用后面的4条腿抓住蛛网,前面的4条腿抓住单丝,把自己拉近锚,产生张力。接着,它耐心地等待着,可能会等上几分钟,甚至几小时。当昆虫飞近时,砰!它松开锚,带着它的网,以极快的速度在空中飞驰。蛛网甩向猎物,黏稠的丝线将猎物包裹住。

重置弹网,再射击!

球体蛛向前射出之后,会继续用触肢来固定锚线,重置弹网,进行新一轮弹射。一旦捕到猎物后,它迅速将猎物用丝包裹起来。它可以一直利用这种方法,捕捉一只只的昆虫,并储存在"小仓库"里。日积月累,好吃的都吃不完。

流星锤蜘蛛

流星锤蜘蛛真是令人大开眼界！它白色的身体非常丰满，覆盖着红色图案，还有黑色斑点。休息时，它会把有条纹的毛茸茸的腿贴近身体。它腹部有两个大大的球状凸起，像迷人的眼睛。但不要被它华丽的外表欺骗了，这种蜘蛛有着天才般的狩猎技巧。

骗术大师

流星锤蜘蛛喜欢吃飞蛾，但并非守株待兔！雌蛾准备交配时，会散发信息素来吸引雄蛾。流星锤蜘蛛就模仿这种信息素来吸引雄蛾靠近，对毫无防备的雄蛾来说，这一次求偶就是去送命！

小心黏糊糊的
流星锤！

流星锤蜘蛛不靠织网捕食，而用蛛丝来制造致命的投掷武器——流星锤！它的流星锤像球状的鼻涕，实际上是一根很短的蛛丝，末端有一团黏糊糊的东西。有猎物靠近时，蜘蛛就旋转"流星锤"，诱捕猎物。

隐藏的家

流星锤蜘蛛常见于澳大利亚东部，通常生活在灌木丛中，但当太阳出来后，就很难找到它了。白天，它把自己藏在一个舒适的球里，球是用蛛丝粘在一起的叶子做成的。夜幕降临时，它就带着流星锤出来捕猎。但大卵囊常会暴露它的藏身之处——大卵囊是带有锥形末端的棒状结构。它能制造 7 个卵囊，每个囊里装有大约 600 个卵。

道高一尺 魔高一丈

流星锤蜘蛛在夜间捕食，而飞蛾一般很难被捕捉。当飞蛾在蛛网上挣扎时，它翅膀上的茸毛会脱落，让飞蛾挣脱逃走。但流星锤蜘蛛的黏液能浸透这些细小的茸毛，即使飞蛾挣扎也无法逃脱。飞蛾还没等反应过来，就被拉到流星锤蜘蛛的毒牙边了。然后流星锤蜘蛛给它注入毒液，并把它裹在蛛丝里，飞蛾被卷进去之后就瘫痪了。

"铁公鸡"蜘蛛

用肛门分泌物做成的"鼻涕球"，在蜘蛛的地盘上丝毫不会被浪费！流星锤蜘蛛完成一天的狩猎后，会把自己的分泌物卷起来收回，然后吃掉。

有趣的事实

流星锤雄蛛只有 1.5 毫米长。与大约 2 厘米长的雌蛛相比，雄蛛的体形微不足道。

腿上的刚毛用处大

蜘蛛通常视力很差，那么流星锤蜘蛛是如何知道在附近有飞蛾的呢？这要归功于它的腿，它腿上的刚毛对振动非常敏感，能感知猎物在靠近。

吉卜林巴希拉蜘蛛

吉卜林巴希拉蜘蛛是来自中美洲的小型跳蛛，体长约 6 毫米，身上有漂亮的棕色和绿色斑纹。它的饮食最奇怪，与世界上其他 4.5 万种蜘蛛都不同——它喜欢吃绿色植物！

专注的研究者

为了解这种蜘蛛的饮食偏好，蛛形学家克里斯托弗·米汉花了 7 年时间，在热带森林里跟踪拍摄这种蜘蛛。

也不拒绝肉食

大约 90% 以上的吉卜林巴希拉蜘蛛是植食性的，但有时它也吃肉，比如蚂蚁卵、苍蝇，甚至同类。

名字有什么含义？

这种蜘蛛是以诺贝尔文学奖得主拉迪亚德·吉卜林命名的，他撰写了《丛林之书》！

这也太酷了吧！

专业素食者

吉卜林巴希拉蜘蛛很挑剔，不吃干枯植物，而喜欢吃某些植物中营养丰富的贝尔塔体。贝尔塔体是金合欢树叶子末端的小囊，富含糖和植物蛋白，很容易剥落。

不好惹的蚂蚁邻居

吉卜林巴希拉蜘蛛在金合欢树上觅食时极其隐蔽。因为它必须提防蚂蚁，这些蚂蚁保护树不受植食动物的伤害，也能在这种树空心的刺里舒适地栖居，还有营养丰富的贝尔塔体作为食物。贝尔塔体恰好也是这种蜘蛛最喜欢的食物。这种蜘蛛在觅食时必须远离蚂蚁大军，它会大显身手，像是表演变化多样的高端杂技，最终从蚂蚁的眼皮底下抢到美食。如果冲突不可避免，别怕，蜘蛛还有特技在身。它可以凭借强有力的腿跳开，在困境中，它还能用蛛丝制造逃生线，让自己悬在半空中，巧妙避开蚂蚁的锋芒。像其他跳蛛一样，吉卜林巴希拉蜘蛛不织网，但用蛛丝筑巢。它通常把巢穴建在远离蚂蚁的干树叶上。

吸食纤维的谜团

为了更顺利地吃掉猎物，蜘蛛会在咀嚼前喷吐消化液，把食物变成液体。一旦食物分解了，汁液分泌出来，蜘蛛就会吮吸食物。贝尔塔体是吉卜林巴希拉蜘蛛最喜欢的食物，但贝尔塔体的纤维含量很高，纤维很难消化分解，那么它是如何把纤维吸进体内的呢？科学家也不太清楚，目前还在进一步研究中。

依靠血压变化弹射

跳蛛因善于跳跃而得名。

跳蛛的腿并不发达，那么它是怎样跳跃的呢？跳蛛准备跳跃时，收缩上半身的肌肉，减少该区域的血液量，腿部的血流量就会增加。它利用这种"血淋巴压力"的急剧变化，使后腿迅速伸展，然后将身体弹射出去！

唾蛛

花皮蛛

　　就像蜘蛛侠一样，唾蛛会吐出黏黏的蛛丝诱捕猎物。不过唾蛛是从尖牙吐丝，不是从手腕或屁股！它身长 6 毫米，体色为橙黑相间，很醒目。而且就像老虎一样，它在黑暗的掩护下跟踪猎物。唾蛛在自己的地盘上巡逻，等待合适的攻击时机。唾蛛对人类并不致命，但很有攻击性，经常捕捉比自己大得多的猎物。

有毒的蛛丝

　　这种唾蛛用毒牙吐出的丝，是胶和毒液的混合物，含有各种有毒化合物。

飞快的蛛丝

　　唾蛛吐出的丝，以每秒 30 米的速度运动，和高速公路上的汽车一样快！

你知道吗？

　　全球共发现了 200 多种唾蛛，唾蛛有 6 只眼睛，不像大多数蜘蛛有 8 只。

安全策略

　　唾蛛行动缓慢，往往跑不过天敌。如果遇到大型蜘蛛的攻击，它就会吐出蛛丝牵制对方，确保自己能逃脱。

一定要小心哦！

唾蛛视力不好，它会小心翼翼地用两条前腿在猎物身上和周围轻拍，嗒、嗒、嗒，一旦找准最佳的攻击位置，就抬起毒牙，准备吐丝，蛛丝遇到空气会变硬，能将猎物困在原地，使其成为瓮中之鳖。然后它用两只尖牙咬猎物，形成锯齿形咬痕。猎物无法动弹后，唾蛛就会对它注射致命的毒液。

唾蛛发现一个目标后，就会偷偷摸摸地靠近猎物。

缨孔蛛

缨孔蛛是一种跳蛛。你还在吃早饭时，小小的缨孔蛛就已经出门，去体验"蜘蛛侠"式大冒险了！这种 10 毫米长的跳蛛生活在澳大利亚北部，身上有白色、黑色和棕色的褶边，拥有不少于 3 种超能力：

1. 越过大峡谷如履平地，它跳得如此娴熟，没有它够不着的地方。

2. 拥有非凡的视力，能看到比彩虹还多的颜色。

3. 非常聪明的捕食者。选择有毒和可怕的蜘蛛为食，还能捕食比自己大 3 倍的蜘蛛！

哇！

通过蜕皮，缨孔蛛能让失去的腿再长出来。

走路摇摇晃晃

跳蛛走得很慢，摇摇摆摆，跟抽筋似的。这种奇怪的行为方式简直不像蜘蛛，却能帮助跳蛛在觅食时隐藏起来。

我的腿毛
有听觉功能！

跳蛛没有耳朵，却能听到5米外的声音。这是科学家偶然发现的，太令人震惊了。在一个研究蜘蛛大脑运作的实验中，科学家对蜘蛛的大脑活动进行了电子记录。科学家注意到，当有人移动椅子或拍手时，跳蛛的大脑就活跃起来。这意味着它能听到声音。但它没有耳朵，是怎样听到的呢？它利用腿上的刚毛来探测声音。科学家认为，跳蛛不如人类听得那么清晰，它听到的声音有点嘈杂，更像是在信号不好的电话线上传来的声音！跳蛛还能听到低频的声音，比如它的宿敌寄生蜂的振翅声。

跳远冠军的
独门绝技

跳蛛能跳出自己身长50倍远的距离。而奥运会男子跳远纪录保持者也只能跳自己身长的5倍远。一个人跳进深渊存活的希望很小，而跳蛛跳进深渊时，可以用一根备用的蛛丝保证自身安全。

好视力天花板

与大多数蜘蛛不同，跳蛛的视力非常好，甚至比人类看到的颜色更多！人类能看见彩虹的七种颜色，而跳蛛还能看到紫外线。为什么需要具备这种绝佳的视力呢？跳蛛在白天最活跃，卓越的视力对于捕猎、躲避天敌和寻找配偶至关重要。

真是难以置信！

敢想敢干的缨孔蛛

缨孔蛛的出现就是其他蜘蛛的噩梦。但它是如何成功攻击体形比它大3倍的蜘蛛的呢？通过用脑！缨孔蛛很聪明，看似每个不可能完成的任务，它都会想出新奇的办法。缨孔蛛最喜欢的食物之一就是织网蜘蛛，织网蜘蛛整天趴在网中间，等着捕捉猎物。它的视力很差，因此缨孔蛛可以偷偷靠近。有时，这位超级"英雄"会沿着蛛丝降下来偷袭，给下面的织网蜘蛛来个措手不及。有时它采用迂回战术，振动猎物蜘蛛的网，根据捕食对象改变振动技术。每一种振动都是处心积虑想出来的。有时，它会模仿被困后挣扎的昆虫，有时则是假装为了求偶。它不断改变策略，直到猎物被引诱上钩，它才展开攻击。当猎物足够靠近时，它就猛扑过去，小心翼翼地避开猎物的毒牙。缨孔蛛能出色地解决问题，每次捕猎都能随机应变，熟练地适应各类情况，不断改进自己的猎食技术。

不修"边幅"的好处

缨孔蛛体表附有皱巴巴的簇毛，像垃圾碎屑，伪装得太酷了！

你知道吗？

有些蜘蛛非常聪明，它们超大的大脑都延伸到腿上了！

超级有耐心的猎食者

优秀的智力不仅靠知识和技能，还与坚持不懈有关。缨孔蛛具有不一般的锲而不舍的精神。科学家观察到一只缨孔蛛在另一只蜘蛛的网上振动了3天，最终使猎物上钩，诡计得逞！

哇！

澳大利亚蟹蛛

你喜欢逛花香四溢的花园吗？如果喜欢，也许有一天你就会与小蟹蛛相遇！澳大利亚蟹蛛体态粗壮，体形扁平，体长不超过 1 厘米，常见于澳大利亚东部郊区的花园中。蟹蛛不结网，通常静静地伏在花草丛中，等候捕食过往的昆虫。雏菊丛是蟹蛛最喜欢藏身捕猎的地方。蟹蛛喜欢以蜜蜂和蝴蝶等传粉昆虫为食，传粉昆虫能把花的花粉传递到其他花朵上，帮助植物繁殖，产生种子。

站对位置很关键！

蜜蜂喜欢落在花蕊上传粉，几乎不会停留在花瓣上，因此澳大利亚蟹蛛在伏击蜜蜂时，会避开花蕊，潜伏在花瓣上等待。

只找最香的花

如果你是一只澳大利亚蟹蛛，你会选择在什么花上捕食呢？最漂亮的花，还是最大的花？都不是，而是最香的花，因为蜜蜂最喜欢气味芬芳的花。这样捕食的机会就大大增加了！

澳大利亚蟹蛛很有耐心，为了等待一只昆虫，能一动不动地待上几小时。

耐心是一种美德。

又长又壮的腿

澳大利亚蟹蛛的 4 条前腿又长又壮，还有很多刺，它常用前腿抓取猎物。

学着像蜜蜂一样思考

为了弄清澳大利亚蟹蛛与它最喜欢的猎物蜜蜂之间的关系，科学家进行了一系列实验。但有些实验结果出乎他们的意料。

澳大利亚蟹蛛有白色、浅黄色和浅粉色几种。科学家发现，它常伪装在与自己体色相近的花上，以躲避人类。但怎样确定这种伪装有助于蟹蛛捕猎和躲避被捕食呢？做实验是找到答案的一种方法。如果蟹蛛的伪装成功地欺骗了蜜蜂，那么蜜蜂降落在有蟹蛛的花上的概率和降落在没有蟹蛛的花上的概率是一样的。但实验表明，蜜蜂更喜欢降落在有蟹蛛的花上。这怎么可能呢？

答案就在于蜜蜂的视力。蜜蜂能看到人看不到的紫外线。植物常在花上有一块区域能反射紫外线，吸引蜜蜂来授粉。而蜜蜂认为有紫外线的地方就有食物。科学家想知道，蟹蛛是否也偷偷利用紫外线反射将蜜蜂吸引过来。于是科学家给蟹蛛涂防晒霜来验证！防晒霜会吸收紫外线，这样蟹蛛就不能反射紫外线，从而能假设，涂上防晒霜的蟹蛛无法将蜜蜂吸引到它栖息的花上。如果假设正确，蜜蜂选择降落在能反射紫外线的蟹蛛栖息的花上的可能性就更大些。科学家发现，蜜蜂确实不太容易受到涂有防晒霜的有蟹蛛栖息的花的吸引。蟹蛛的伪装实际上是在吸引蜜蜂！更重要的是，要记住，并不是所有的生物都像我们一样感知世界。

你知道吗？

蟹蛛不用蛛丝捕猎，却用其繁殖。蟹蛛会把卵包裹在蛛丝中，有时也会把卵放在叶子中卷起来保护卵。当危险临近时，蟹蛛还能用蛛丝逃脱。

有趣的事实

世界上有2000多种蟹蛛，这些小家伙能像螃蟹那样快速地横行或倒退，故此得名！

鸟粪蛛

你去大自然或花园里散步时，留心观察一下，看起来像一坨冒着热气的新鲜鸟屎的东西，它很可能是一只鸟粪蛛！鸟粪蛛极其擅长伪装。这种狡猾的蜘蛛生活在东南亚的热带雨林里，整天蜷缩在植物的叶子上，一动不动，黑白相间的、有光泽的身体上到处覆盖着凹凸不平的结节，就像鸟粪里的大块排泄物一样！高明的伪装总能让它在遇到天敌，比如跳蛛或饥饿的鸟类时化险为夷。我认为这种伪装相当安全，因为无论哪种鸟类，肯定不想把自己的便便当午餐！

卸掉伪装

鸟粪蛛去掉伪装时，必须伸直蜷曲的腿，破坏鸟粪的"幻像"！

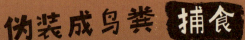

伪装成鸟粪 捕食

鸟粪蛛动作不快，常用出其不意的方式捕猎。它常蜷缩在树叶上，像鸟粪一样，几小时一动不动，耐心等待着昆虫靠近。

攻守兼备的"便便"

鸟粪蛛为了伪装，使出浑身解数，甚至散发出一股恶臭！这种散发臭味的能力十分罕见。这种恶臭不仅能阻止天敌，还能吸引猎物。它喜欢吃苍蝇，而苍蝇最喜欢便便！

最后的"润色"

鸟粪蛛还用蛛丝模仿"飞溅痕迹"，在周围伪造成便便的效果。真是个"艺术大师"啊！

专业"装屎"的蜘蛛

蜘蛛伪装成便便有很多目的：捕获猎物、吸引喜欢便便的猎物、躲避天敌，或三种兼有。一种叫长银尘蛛（又叫长腹艾蛛）的鸟粪蛛，通过在周围摆设卷曲的蛛丝，来装饰蛛网，看起来就像飞溅的便便！科学家认为，这是为了躲避天敌黄蜂。为了验证这一想法，科学家比较了长银尘蛛处于自然粪便伪装状态时，以及它的身体和网状图案被人为熏黑（看起来不再像粪便）时，黄蜂攻击长银尘蛛的频率。结果发现，在第二种情况下，黄蜂攻击的频率更高。在长银尘蛛的例子中，利用便便是一种专业的安全伪装！

以假乱真的诱饵

有一种生活在秘鲁的蜘蛛，用一种更复杂的潜伏方法捕猎。它用树叶碎片和食物碎屑在自己的蛛网中，制造和自己一般大的"诱饵蜘蛛"！当大敌当前时，它会摇动蛛网，让假蜘蛛"抽搐"，动作很逼真，就像木偶戏中人们操纵木偶一样。

真聪明啊！

达尔文树皮蜘蛛

达尔文树皮蜘蛛只有弹珠那么大，很不起眼，却是蜘蛛中的超级英雄，能生产出地球上迄今为止发现的最坚硬的生物材料！它的蛛丝要比其他蜘蛛的蛛丝坚韧两倍，并能拉伸到原来的两倍长。当猎物飞进蛛网四处乱窜时，弹性或拉伸力很好的蛛丝就不容易断裂。这种超强的蛛丝比防弹背心还要坚韧10倍以上！达尔文树皮蜘蛛是一种园蛛，生活在非洲东海岸的马达加斯加岛上。它能织一张25米长的蛛网——自然界最大的蜘蛛网。

水面结网捕飞虫

达尔文树皮蜘蛛是唯一总在水面上结网的蜘蛛。蜘蛛通常很难捕捉飞行昆虫，而这种蜘蛛结的网很适合捕捉飞行昆虫，比如蜻蜓。

有趣的事实

达尔文的《物种起源》一书给我们带来了进化论，让我们对周围世界的认识有了质的飞跃，也解释了地球上所有生物是如何变成今天的样子的。2009年，即《物种起源》出版的150周年，达尔文树皮蜘蛛首次被发现，并于2010年被正式命名。

你知道吗?

科学家通过用拉伸试验机夹住蛛丝的两端，慢慢拉伸，直到它断裂，来测试和比较蛛丝和其他材料的强度。

蛛丝坚韧
不等于蛛网结实

蜘蛛如何使用蛛丝也很重要。达尔文树皮蜘蛛的蛛丝非常坚韧，但它结的网却相当稀疏。络新妇的蛛丝没有那么坚韧，但它结的网更密集、更结实。

嘿，别碰我的食物!

奇怪的阉割

许多蜘蛛的交配方式很奇异，达尔文树皮蜘蛛也不例外。雄蛛在交配后，通过咀嚼触肢来阉割自己。哎哟! 它为什么要做这样的事情? 一点儿也不好玩! 雄蛛阉割了自己以后，荷尔蒙会发生变化，变得更有攻击性。然后它就守着雌蛛，击退那些想要交配的竞争对手。这样，它就有可能拥有更多属于自己的蛛宝宝。

达尔文树皮蜘蛛常与一种特殊的苍蝇搏斗，这种苍蝇总是在它的网周围转悠，阴魂不散! 这种苍蝇一有机会就从蛛网上偷取食物。当一种动物养成偷窃另一种动物食物的习惯时，被称为"偷窃寄生生物"。达尔文树皮蜘蛛会抖动自己的网，努力把苍蝇赶走。

这么小的蜘蛛是怎么织出这么大的网，尤其是一张能够横跨一条大河的网的呢？

没有谁能随便成功

首先，雌蛛栖息在河岸上。等到合适的时机，它才奋力吐出一条长长的连续的丝。蛛丝随着微风飘到河对岸，架好一座蛛丝桥。然后，它小心翼翼地走到桥中间，织出一个直径可达3米的大圆网，整个制作过程既耗时又耗力。只有达尔文树皮雌蛛才称得上织网高手，雄蛛一生都在寻找配偶的路上。

勤俭持家

织网时，达尔文树皮蜘蛛用脚尖上的小钩子从旧网中收集蛛丝。它吃了这些丝，就能吐出更多的丝。

迷你雄蛛的安全策略

达尔文树皮蜘蛛中雌蛛的体重比雄蛛重14倍——难怪雄蛛会担心自己成为雌蛛的甜点！为了避免被生吃，雄蛛更喜欢与刚蜕完皮的雌蛛交配，此时雌蛛很柔弱，不太可能攻击雄蛛。如果雄蛛遇到没有蜕皮的雌蛛，它通常会用蛛丝暂时拴住雌蛛，这样就能保证安全了！

哈利·波特蜘蛛

格兰芬多毛园蛛

这个长相古怪的家伙最初是在印度西部的灌木丛中被发现的，只有 7 毫米长，身上呈斑驳的棕色和灰色。身体由下而上逐渐变小，类似三角形，像一顶巫师帽。2016 年，它被正式命名为格兰芬多毛园蛛，也被称为哈利·波特蜘蛛。它长得像《哈利·波特》系列奇幻小说中的魔法分院帽——该系列以霍格沃茨学校为背景，展开了一个魔法和巫术的世界。在这所学校里，学生们戴着分院帽，以区分他们属于四个学院——格兰芬多、赫奇帕奇、拉文克劳和斯莱特林中的哪个。它的种名 *gryffindori* 指的是《哈利·波特》中分院帽最初的主人戈德里克·格兰芬多。

《哈利·波特》与物种命名

有的科学家是《哈利·波特》这部作品的铁杆粉丝，人数比你想象的还多。为了纪念这部作品，至少有 14 种新物种以这部作品中的角色命名，比如阿纳米德科蜘蛛*的学名来自一只叫"阿拉戈克"的蜘蛛，阿拉戈克首次出现在《哈利·波特与密室》一书中。2009 年，在西澳大利亚州发现了这种活门蜘蛛，2012 年获得正式命名。另一个例子是摄魂怪泥蜂，名字来源于魔法世界中"吸魂"的摄魂怪。这种黄蜂能向蟑螂的大脑注入一种毒液，使其麻醉，之后将自己的卵植入蟑螂体内。蟑螂逃不掉，但还能走。黄蜂抓住蟑螂的一根触角，引导它回到自己的蜂巢。当小黄蜂准备孵化时，会从里到外活生生地吃掉蟑螂！

* 阿纳米德科蜘蛛是一种活门蜘蛛，不过它的洞口没有活门，只覆盖着薄薄的蛛丝。

魔法帽还是干树叶？

哈利·波特蜘蛛像一顶帽子，但它其实是为了伪装成一片干枯的叶子：顶部颜色较深，底部较浅。它身上还覆盖着一层白色和黄色的毛。

骷髅蜘蛛和
闪光蛋糕蜘蛛

骷髅蜘蛛

就像孔雀一样，雄性孔雀跳蛛装饰得比雌蛛更漂亮，背部像一把张开的扇子高高翘起。雌蛛是棕色的，外表不起眼。雌蛛的外表非常相似，雄蛛有时会搞错交配对象！雌蛛不会犯这个错误，因为每一种雄蛛都有独特的求偶方式，而且外观不大相同。比如孔雀跳蛛属的骷髅蜘蛛和闪光蛋糕蜘蛛。前者全身黑白相间，像一具跳舞的骷髅。后者腹部上方有闪亮的蓝色和红色条纹。孔雀跳蛛在春季交配，此时色彩鲜艳的雄蛛大量出现。但雄蛛通常在交配后不久就死了。

你知道吗?

一名研究人员将他发现的一种新的孔雀跳蛛命名为 *Maratus laurenae*，用来纪念他的朋友劳伦（Lauren）。

有趣的事实

摇滚乐队 Twink 为纪念闪光蛋糕蜘蛛的发现，用这种蜘蛛给一首歌命名。这个乐队用玩具钢琴演奏他们的音乐。

多么可爱！

物种激增

2011 年只有 7 种已知的孔雀跳蛛，而现在已超过 90 种了！大部分都是在澳大利亚发现的。

声音最大的蜘蛛

有一种孔雀跳蛛发出的声音是所有已知蜘蛛中最响亮的，在 5 米外都能听到！蜘蛛没有喉部，而是通过摩擦身体发声，这被称为摩擦发音。

闪光蛋糕蜘蛛

有花样的"舞蹈"

闪光蛋糕蜘蛛是"舞蹈巨星"。它在求偶中运用身体振动和华丽的动作炫耀舞姿。它前后来回舞动，从一边舞动到另一边，展示着绚丽的颜色，还上下摆弄第三组腿。它的腿上有黑色斑点和明亮的白色尖端，踢腿时快时慢。同时，它还拍打着毛茸茸的触肢附和着。整套动作下来，节奏合拍，太养眼了！

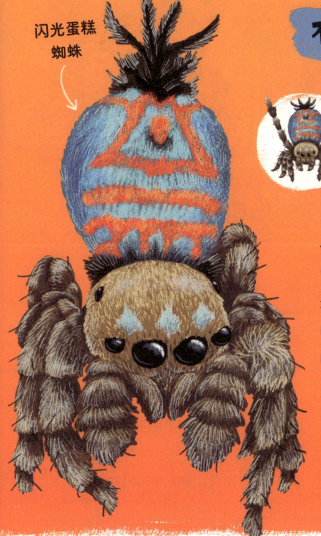

去玩"过家家"

这两只色彩鲜艳的小动物看起来像是要去玩"过家家"！

骷髅蜘蛛和闪光蛋糕蜘蛛身上华丽的色彩和图案用在跳复杂的求偶舞中。它们只有稻米粒那么大，最近几年才在澳大利亚昆士兰被发现。骷髅蜘蛛和闪光蛋糕蜘蛛都是孔雀跳蛛，这些可爱的昵称都是研究它们的科学家取的。

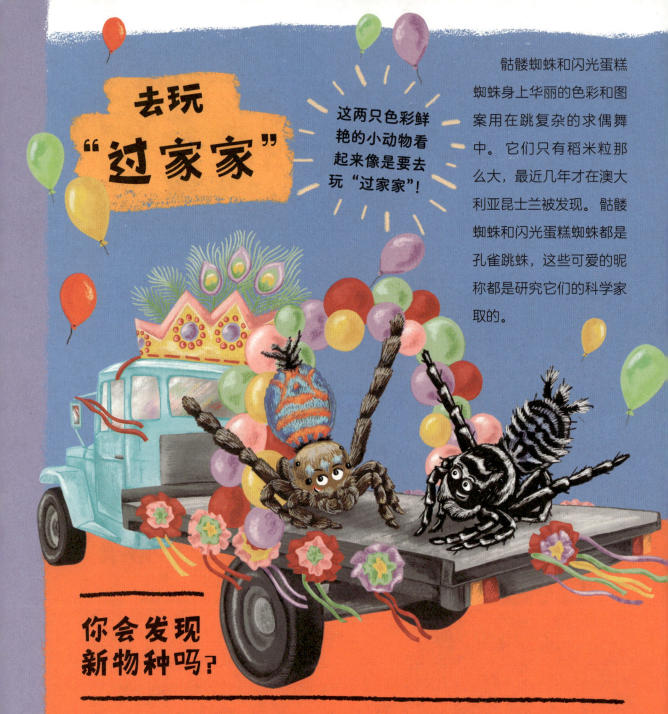

你会发现新物种吗?

公民科学是普通人做的科学，就像我们一样！世界上大约只有四分之一的生物已被科学家考察记录，还有很多生物有待发现，科学家一直在努力。但寻找的人越多，新发现就会越多。公众经常向科学家发送照片或观察结果，有时就会出现奇迹。有一种孔雀跳蛛叫尼莫（学名 *Maratus nemo*），它有一张橙色的脸，上面有白色的条纹，是以《海底总动员》中的卡通小丑鱼的名字命名的。一名女子在南澳大利亚州度假时发现了小尼莫，就在脸书上发布了它的照片，结果被一位科学家慧眼认出：一个新物种！那么，你会是下一个发现孔雀跳蛛新物种的人吗？

蜘蛛界的高颜值代表

目前已知的孔雀跳蛛有近百种，雄蛛都有孔雀羽毛般漂亮的色彩。比如有种孔雀跳蛛的腹部图案看起来像梵高的《星夜》，大象跳蛛的屁股上有一个像大象头的图案！但雌蛛是一群难以捉摸的动物，有时雄蛛华丽的斑纹都不能满足雌蛛，雌蛛还会要求对方跳一段"舞蹈"。每一种孔雀跳蛛都有自己独特的舞蹈风格，舞蹈可以持续几分钟到一小时。雌蛛很挑剔，只与表现最好的雄蛛交配。如果雌蛛对表演不满意，就会把雄蛛吃掉。

蜘蛛世界里的"虎豹"

世界上大约有 6000 种跳蛛。跳蛛不需要织网就能捕猎，就像蜘蛛世界里的大型猫科动物，总是在四处游荡。它靠近猎物 2~3 厘米远时，就猛扑过去！骷髅蜘蛛和闪光蛋糕蜘蛛的视力很好，与猫的视力一样好，还能在奔跑中狩猎。

骷骨娄蜘蛛的求偶绝招

在求偶舞蹈中，骷髅蜘蛛在树枝或树叶上振动和旋转，随着它情歌的节奏上下移动明亮的白色触肢，时不时地抬起毛茸茸的吐丝器和一条弯曲的腿，摇摇晃晃。雌蛛在一旁聚精会神地看着，像一个专注的裁判。如果雌蛛对表演很满意，它们就会交配。

吸血鬼蜘蛛

卡里西沃拉猎蛛

吸血鬼蜘蛛是跳蛛科猎蛛属的一个物种，它喜欢吸血，包括人血！但它不会爬到你腿上来吸血，而是通过吃叮咬过人的蚊子获取！还是害怕？别担心，它的毒牙无法刺穿人的皮肤。它在蜘蛛界与众不同，以蚊子为食的蜘蛛只占少数。吸血鬼蜘蛛通常只出现在非洲维多利亚湖周围，它只有5毫米长。成年雄蛛黑色的身体和血红色的脸显得十分可怕，雌蛛和幼蛛身体则是灰褐色的，就没那么可怕了。

爱吃甜食

吸血鬼幼蛛喜欢吸食含糖量高的植物花蜜。这在蜘蛛中并不寻常，因为大多数蜘蛛都是食肉的。

为什么喜欢吸血？

吸血鬼雄蛛尤其喜欢捕食吸满人血的蚊子。因为通过摄入人血，它能产生一种体味，吸引雌蛛。

好奇怪呀！

吃蚊子也这么讲究

吸血鬼蜘蛛更喜欢吃自己习惯吃的那种蚊子。在我看来，蚊子都一样。但这种蜘蛛能从蚊子的姿势判断出蚊子种类！它还能通过蚊子触角的形状，区分蚊子的性别，进而捕食吸血的雌蚊，因为只有雌蚊吸血。

求偶中的特例

一般是雄蛛向雌蛛求偶，但对于吸血鬼蜘蛛，无论雌雄，都可以向异性求偶。在求偶时，雄蛛也很有可能吃掉雌蛛！

乐于助人的"吸血鬼"

疟疾是一种通过蚊子传染的疾病，会导致人体发热、呕吐、头痛，甚至死亡。在吸血鬼蜘蛛生活的非洲地区，疟疾很常见。家里来了蜘蛛，人们可能并不待见它，但吸血鬼蜘蛛不一样，它捕食蚊子，有助于降低疟疾染病率，让家园更安全。

谢谢，吸血鬼蜘蛛！

笑脸蜘蛛

你在情绪低落时，去看看夏威夷的笑脸蜘蛛吧，一定会让你开心起来！不过它的笑容不在脸上，而在肚子上。它半透明的黄色小身体还不到 5 毫米长。如果你有幸在野外发现一只笑脸蜘蛛，得用一个放大镜才能看到它的笑脸。它一生都生活在夏威夷梦幻般的热带岛屿上，难怪这家伙总在微笑。它最喜欢潮湿的雨林环境，通常挂在植物叶子的下面——叶子越大越好，可以躲避天敌。

变色蜘蛛

想想你吃了草莓后，肚子变成鲜红色的样子吧！笑脸蜘蛛有时会根据吃的东西改变颜色。它的身体是半透明的，人们能透过"皮肤"看到它胃里的食物。它吃了太多苍蝇后，肚子会变成橙色；而吃了太多毛毛虫后，会变成绿色！

晚上捕猎

为躲避食肉鸟，笑脸蜘蛛白天躲在树叶下的小蛛网里。这些网能居住，能储存猎物和卵囊。当太阳下山，大多数鸟都入睡时，它捕猎就安全多了。这些小家伙穿梭在树叶间寻找昆虫。当抓住昆虫时，它会迅速用丝把猎物包起来吃掉。

请收养我吧

一只笑脸蜘蛛的幼崽失去了妈妈后，就用自己的蛛丝在树叶间穿梭，寻找另一个妈妈。一旦发现目标，它就在叶子上徘徊，直至新妈妈接受它。科学家不太确定，为什么会有毫无血缘关系的收养。也许是因为雌蛛有足够的食物养活一家子吧，而且也不影响自家宝宝的生存。

杂技式交配

笑脸蜘蛛躲在一张树叶下，挂在一根丝线上交配。

谁敢动我的卵？

如果去偷一只笑脸蜘蛛的卵，那它的笑脸就会变成伤心的皱眉。笑脸蜘蛛妈妈产的每一个卵囊，都通过一根丝附着在自己身上，以防天敌吃掉。宝宝孵化出来以后，会和妈妈待在一起长达100天，直到宝宝独立。在这段时间里，蛛妈妈负责照顾大家的饮食，并与大家共享大餐！

独一无二的笑脸

许多笑脸蜘蛛的腹部都有一种"笑脸"图案，笑的模样也千姿百态。它们的身体总是半透明的黄色，而腹部呈现几种不同的颜色（大多是黄、红和黑色）和图案，这叫"同质多形体"。根据这些独特的体征，科学家更容易跟踪研究个体。

拟扁蛛

一只昆虫如果跟拟扁蛛碰面了，那就只能认栽，因为无论从哪个方向，这家伙都能感觉到猎物的靠近。为了从后面抓住猎物，这种小家伙会在八分之一秒内旋转身体，眨眼间就能转 3 圈！拟扁蛛有数百种，分布在北美洲、南美洲、非洲、亚洲和澳大利亚，大小从一枚 10 美分的硬币到一罐汽水的罐口不等。它总把身体贴近栖息地表面，身体呈扁平状，因此得名。它是夜行动物，喜欢在黑暗的掩护下狩猎，你可以在树干上或岩石上找到它。捕猎时，它不用 8 只眼睛，而是通过探测气流的细微变化感知猎物的移动。

旋转机器人

一群科学家正在研究拟扁蛛，希望借此制造一种能在紧促空间中快速旋转的多足机器人。

太酷了！

真是难以置信！

高空 滑行特技

如果遇到天敌接近，拟扁蛛就从树上跳下来，可滑行 5 米远！它能熟练地在空中滑行，用前腿控制方向，向左或向右急转弯，降落在同一树干上。科学家通过实验：把拟扁蛛从 25 米高的地方扔下来，证实了它的空中滑行的天赋！科学家认为，拟扁蛛像猫一样，能在几毫秒内将身体翻转过来。

华丽
大转身
绝技

这些蜘蛛怎么会转得这么快呢？

这种转速完全取决于拟扁蛛移动腿的方式。这与花样滑冰运动员华丽大旋转是一个道理。它旋转时，腿弯曲的速度几乎是旋转速度的两倍。它捕猎时，把离猎物最近的腿作为旋转支点，这样它就恰好能咬在猎物身上！

镜头放慢 40 倍

科学家拍摄了拟扁蛛狩猎的过程：就近放一只蟋蟀，每次都从不同方向放，然后观察拟扁蛛的攻击。为了准确描绘它的腿在旋转中的移动路径，科学家不得不将镜头放慢 40 倍！

哇！

箭型蜘蛛

箭型蜘蛛让人眼前一亮，更像动画片里的角色，它栖息在北美洲和中美洲的林地。它奇怪的腹部呈现黄、红、黑三种颜色，还长着几根厚尖刺；两个最大的尖刺从后半身突出，使身体呈箭头形状。也有人认为它的屁股形状像电吉他。

短暂的一生

美丽的箭型蜘蛛只能活一年。只有雌蛛会织网，雄蛛要在短暂的生命中努力寻找交配对象。

谢谢帮助！

箭型蜘蛛能控制蚊子的数量，在环境中起着重要的作用。

后院里的小宝贝

雌性箭型蜘蛛的身体不超过1厘米长，雄蛛体形大约只有雌蛛的一半。这些小宝贝通常都会出现在它栖息地附近的民宅的后院。

为什么要穿 五颜六色的 服装?

箭型蜘蛛身体上的小刺称为"结节"。任何动物或植物都可以有结节,有圆形和疣状的结节。

箭型蜘蛛的颜色和尖刺的形状各有不同的用途。

科学家做了一项实验,选择一种体色与箭型蜘蛛的亮黄色相似的尖棘蛛,用记号笔将蜘蛛的身体涂黑。结果发现,没有明亮的身体,蜘蛛捕获的猎物变少了。科学家还认为,箭型蜘蛛的尖刺是驱离天敌的完美工具!

小猎物难逃 精密的蛛网

箭型蜘蛛是一种织网蜘蛛,雌蛛能织出美丽的对称网。这些蜘蛛专门捕捉小猎物,比如蚊子。它的网是极其严密的,这些小动物往往很难逃脱。

名字有 什么含义?

箭型蜘蛛的学名是 *Micrathena sagittata*。种名 *sagittata* 指"箭的形状"。

盲蛛

盲蛛有 8 条长腿和圆滚滚的小身体，看起来很像蜘蛛。它们虽然是一种蛛形纲动物，却与螨虫是近亲。它们与蜘蛛在很多方面有着本质的区别。首先，蜘蛛有两个可以区分的部位：头胸部和腹部，而盲蛛的身体是融合在一起的，像单个的斑点。此外，盲蛛最多有两只眼睛，而蜘蛛通常有 8 只。其次，你很难在蛛网上找到盲蛛，除非是在它被蜘蛛捕食到的时候，因为盲蛛不会产丝。再次，没有必要害怕盲蛛，因为它没有蜘蛛那种可怕的毒牙，也没有致命毒液。最后，蜘蛛在进食前需要将猎物液化再吞咽，而盲蛛可以啃食大块的固体食物。有些盲蛛捕食小昆虫甚至蜗牛，但许多盲蛛很喜欢吃腐烂食物。

害虫的克星

盲蛛很喜欢在花园里安家，因为这里种满了美味的水果和蔬菜或漂亮的鲜花。此外，盲蛛是害虫的克星，在保护作物方面发挥着重要作用。

名字有什么含义？

比恐龙还古老

人类发现了 4 亿年前的盲蛛化石，这比现代人类 20 万年的生存史要长得多，甚至比大约 2.3 亿年前出现的恐龙还要古老。因此盲蛛是一种非常古老的动物。在数亿年的时间里，一些盲蛛的体形几乎没有大的变化。

世界上共有 7000 多种盲蛛，盲蛛目的学名 Opiliones 意思是"牧羊人"。盲蛛腿很长，让科学家想起几个世纪前踩着高跷放牧的欧洲牧羊人，他们还能快速活动。"收割者"的外号也许缘于农场秋收时它们的数量激增。

- 没有腰，只有一个身体部位
- 一双眼睛
- 没有毒牙或毒液
- 不会造丝
- 第二对腿往往最长
- 身体前部有驱拒腺
- 能吃固体食物

我的驱拒腺威力无穷

盲蛛虽然没有毒，却有个深藏不露的秘密武器。盲蛛身体的前端具有很特别的臭腺，即驱拒腺，能释放出恶臭的分泌物，将天敌赶走！

隐蔽的家

大多数盲蛛都很害羞，喜欢藏在森林里潮湿的原木下，也有的更偏爱黑暗的洞穴。盲蛛遍布全世界，但在潮热地区，如东南亚和非洲，种类更为多样化。多样化指一个特定地区拥有多种生物或同一物种种类多样。

种类繁多的盲蛛

不同的盲蛛外形差异很大。有的身体柔软灵活，腿长得很夸张，它们用小爪子代替尖牙抓东西；有的又矮又壮，爪子巨大，很适合切肉；还有的四肢像胶水一样黏，面对难以捕捉的猎物时，就会起到关键作用！

长腿还是短腿?

在狭小的空间里,腿长的盲蛛活动很吃力。因此它更喜欢生活在落叶堆顶端或露天环境里。腿较短的盲蛛能轻松地扭动身体,进入狭小空间,常生活在落叶堆中。

两个"长腿爸爸"

有些盲蛛被称为长腿爸爸!这些盲蛛的腿能达到自身体长的15倍,极不寻常。还有一种蜘蛛(幽灵蛛)绰号也叫长腿爸爸,这就有点让人迷惑了!你偶尔会在家里的墙角旮旯看到这些瘦长的蜘蛛。

腿的末端很特别

我们的手指很灵活,能随意抓住一个脆甜的苹果或一个门把手。盲蛛也能!它的长腿的末端能紧紧抓住物体的表面。一些盲蛛能把腿的末端缠绕在草叶上,就像一个小小的锚点。而蜘蛛无法做到这一点,这是盲蛛独有的技能。

特殊的腿

盲蛛的第二对腿像触角一样,是特殊的感觉器官,通常比其他的腿长。

抱团的智慧

有时盲蛛会聚集在一起,把腿缠在一块,形成一大团球,可能是为了抱团取暖,维持温度和湿度。数量多也有安全感,科学家认为在受到威胁时,这些盲蛛就整体移动,一边移动,一边有规律地释放一股恶臭味,足以吓跑天敌!

上下摆动,迷惑天敌

盲蛛在被天敌追捕时,就会上下摆动身体,极具迷惑性。这让天敌无法精准判定盲蛛小身体的位置,很难发动攻击。

舍弃一条腿保命!

盲蛛受到威胁时,能舍弃一条腿逃生。这条腿可以持续抽动一个多小时,分散天敌的注意力,而盲蛛趁机迅速逃走。盲蛛万不得已时才这样做,因为它不能再长出新的腿来了。

黑兔盲蛛

1959 年，一位德国科学家首次发现了黑兔盲蛛，可直到 2017 年，它才正式登载在新闻上。这种黄黑相间的盲蛛只有指甲那么大，常见于南美洲的亚马孙雨林。仔细观察，它的背上有一只小兔子的脑袋！这个脑袋上长着两只兔耳朵，还有两只黄色的兔"眼睛"。这双眼睛并不是它真正的眼睛，真正的眼睛更靠近它身体的前部。

盲蛛不能在浴缸里清洗自己，所以必须用嘴洗！黑兔盲蛛会把大长腿放在嘴里来回拖动，保持清洁。

有趣的事实

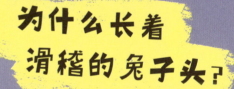

为什么长着滑稽的兔子头？

科学家并不确定这种盲蛛的兔子头的用途。一些科学家推断，这个兔子头也许会让它的体形看起来更大，由此来威慑天敌。你能想出一个实验，来证明这一点吗？

115

吃蜗牛的盲蛛

特格鲁盲蛛和艾思奇盲蛛

特格鲁盲蛛和艾思奇盲蛛都喜欢吃蜗牛和蛞蝓这种比较黏的动物。如果把一条滑溜溜的蛞蝓放在它们面前，没等你喊"开饭"，盲蛛早就把它吞个精光了！

艾思奇盲蛛

天哪，好大的爪子！

特格鲁盲蛛和艾思奇盲蛛这两个家伙嘴的两侧都有一组爪子——进化的下颚或螯肢，蜘蛛的下颚进化成了螯肢。一些艾思奇盲蛛长着一组超大的爪子，可以攻击比自身大两倍的蛞蝓和蜗牛！

特格鲁盲蛛

吃一样的饭，长得却不像

这两种盲蛛吃一样的食物，长得却不像。特格鲁盲蛛是棕色的，有扁平的皮革质身体，腿短，生活在欧洲和北非潮湿的土壤中。人们在欧洲也发现了艾思奇盲蛛，但它的身体呈纯黑色，腿又长又尖。

外壳入侵者 与 硬壳粉碎者

我们可以通过生物的习性，来给它取外号。特格鲁盲蛛又叫"外壳入侵者"，它擅长用前腿抓住蜗牛壳，伸入壳口，将蜗牛的软体部分切碎。艾思奇盲蛛也善于粉碎外壳，但它们更喜欢用爪子压碎蜗牛壳！

哇！

艾思奇盲蛛的属名 *Ischyropsalis* 意思是"强有力的剪刀"。

没有蜗牛 就没法 生活

特格鲁盲蛛狼吞虎咽地吃下蜗牛后，有时会爬进壳里产卵。然后它用一种特殊的物质将卵密封好，蜗牛壳里空气仍然流通。如果没有蜗牛，它不仅会挨饿，也无法繁殖。

追踪蜗牛的实验

蜗牛很难找到，因此特格鲁盲蛛就会狼吞虎咽地吃蜗牛留下的新鲜黏液。它能否追踪到蜗牛呢？科学家做了一个实验。他们设计了一个"Y"形迷宫，迷宫的一端为蜗牛新鲜黏液，另一端为水。科学家把特格鲁盲蛛放在迷宫的入口，观察它们会选择迷宫的哪一端。研究人员发现，它们在 70% 以上的时间里，都会沿着黏液轨迹行走。这意味着特格鲁盲蛛可以沿着蜗牛黏液的痕迹找到蜗牛。

新型有效的 管理

金羊毛盲蛛

　　欧洲金羊毛盲蛛又小又圆，腿又长又细，面部附近有两个特殊的黏肢——进化后的触肢。鼓槌状的毛覆盖在触肢上，上面有非常黏稠的胶状液体。有了这种黏液，那些难以捕获的猎物就会在劫难逃。它喜欢吃弹尾虫，弹尾虫很善于跳跃，受到威胁时，能跳到很高的地方。

多酷的 科学啊！

　　科学家用高速摄像机以慢动作记录下了金羊毛盲蛛捕捉弹尾虫的整个过程。弹尾虫试图跳跃逃跑时，金羊毛盲蛛只需在半空轻轻碰一下它，弹尾虫就会粘在金羊毛盲蛛四肢上。弹尾虫越挣扎，就粘得越牢。

减震器

　　弹尾虫借助叉骨状弹器能像弹簧一样跳跃。为了防止天敌觊觎，弹尾虫跳得很高，跳跃时能产生巨大力量。当金羊毛盲蛛用黏肢抓住弹尾虫时，它的长腿就会起到减震器的作用。它摇晃的身体有助于缓冲弹尾虫跳跃带来的冲击。

哇！

白边曼拉盲蛛

人们在南美洲热带地区发现了白边曼拉盲蛛。到了繁殖季，雄性盲蛛会在树干上花几个月时间筑成一个直径约 3 厘米的圆形泥巢，并及时对其进行修复、清洁和维护，以防天敌和其他雄性的破坏。雌性盲蛛选择合适的巢穴后产卵。与其他节肢动物不同，这种盲蛛的雄性负责守护卵，雌性一旦产完卵，就不再管卵了。

爱干净的盲蛛

雄性白边曼拉盲蛛见不得自己的巢穴有一丁点儿的脏！它会花很长时间把真菌给吃掉，确保巢内不会发生真菌感染。在繁殖季，雄性从不离巢，这种真菌是其重要的食物来源。

不劳而获

筑巢很辛苦，一些雄性白边曼拉盲蛛懒得筑巢，干脆就夺取其他雄性的巢。

不公平！

摩登家庭

雄性盲蛛的泥巢里常有大小各异、来自不同雌性的卵，雄性盲蛛照顾得无微不至。

"踢踏舞"求偶

雌性白边曼拉盲蛛接近一只雄性的巢穴时，不想交配的雄性盲蛛会把雌性赶走。如果愿意，它就和雌性一起跳踢踏舞，随后两只盲蛛会交配。

巨型老挝盲蛛

2012 年，科学家在东南亚国家老挝的一个黑暗洞穴里发现了巨型老挝盲蛛。它又瘦又长，有 33 厘米长，腿很细，像挂起来的绳子。

很难想象，这种动物是怎么用这么细的腿走路的！

幕后故事

德国科学家彼得·雅格博士计划在老挝拍摄洞穴野生动物的电视纪录片，在他收集节肢动物时，发现了这种奇特的盲蛛——巨型老挝盲蛛。那时它还没有获得正式学名。

时间 弥足珍贵

动植物的分类是由分类学家完成的。有些科学家担心，没有足够多的人接受分类学方面的培训。可悲的是，有些生物很可能还未被发现就灭绝了。还有很多生物等着人类发现和分类，时间弥足珍贵！

!!!

巨型老挝盲蛛的天敌

巨型老挝盲蛛必须待在洞穴里，因为它要提防世界上腿最长的猎人蜘蛛——巨型猎人蜘蛛。

腿长也有缺点

巨型老挝盲蛛可能是腿最长的盲蛛！但腿长也有不足，这是因为盲蛛的腿越长，就越难吸入氧气。在逃离天敌或捕猎时，超长的腿也很难快速移动。

蝎子

　　这个部分到处都是酷极了的蝎子！地球上共有 2000 多种蝎子，除了寒冷的南极洲外，世界各地几乎都有蝎子。蝎子的大小长度不等，小到如豌豆一般，大到如正常女性的脚掌。蝎子也是蛛形纲动物，有 8 条腿和外骨骼。但与蜘蛛不同的是，蝎子有能灵活弯曲的尾巴，尾巴末端长有一根毒刺。此外，蝎子还长着一对突出的大螯（钳子），看起来就像致命的陆生龙虾一样！蝎子是节肢动物世界里的生存强者，就算没有尾巴和肛门，它也能生存。蝎子不仅能高度适应极端炎热的环境，忍受冰冻，甚至还承受得住核辐射！

体貌特征

- 🦂 坚硬外骨骼
- 🦂 扁平长身体
- 🦂 8 条大长腿
- 🦂 一对大螯
- 🦂 感觉毛
- 🦂 最多 12 只眼睛（两只大眼睛和好多小眼睛）
- 🦂 骨节分明，尾巴弯曲
- 🦂 尾部末端长有毒刺
- 🦂 能在紫外线下发出荧光

眼睛虽多，视力很差

大多数蝎子的视力令人担忧！两只最大的眼睛位于蝎子头部中间，其余小眼睛分布在两侧。科学家认为，大多数蝎子的视力只能感知两种情况：一是物体的运动，二是昼夜的区别。

大餐准备好了！

蝎子抓住猎物时，用大钳子把猎物撕碎，然后，把这些大块的食物移到嘴巴附近的小爪子上，随后进行咀嚼再粉碎。但它不会一下子就吃到烂糊糊的美食。相反，蝎子把粉碎的猎物堆在脸前，吐一大口消化液，把猎物分解成黏糊糊的东西，然后张开小嘴，吞下这些糊状物，最后只剩下一些硬东西。

强大的钳子

蝎子的钳子长在触肢末端。蜘蛛也有触肢，但两者的触肢外表大不相同。蝎子用钳子去触摸、抓东西，比如搏斗以及抵御天敌。有些蝎子还用钳子把猎物压死；或抓住猎物后，使用尾巴末端毒刺一招致命。

哎哟！

蝎子的口钳很可怕

蝎子的口钳，又叫螯肢，位于头胸部的正前方，就像两只小爪子，用来抓撕猎物，能独立抓取大块食物。

超感官的 梳状体

蝎子身体底部也长着特殊的感觉器官，像迷你"V"字形刷子，叫"梳状体"，指向蝎子的尾巴。它由细毛组成，蝎子移动时，细毛会沿着地面扫动，并通过梳状体感知50厘米外各个方向的振动，并通过地面纹理来导航、识别气味，比如，识别到有香味的雌蝎。由于雄蝎的梳状体比雌蝎的更发达，雄蝎能很快嗅出雌蝎的气味。

蝎骨铮铮

蝎子外骨骼超级坚韧，可以支撑身体，由连接在一起的装甲板组成，因此身体和尾巴十分灵活。对于生活在干燥的沙漠环境中的蝎子，坚硬的外骨骼能防止体内水分流失。随着蝎子成长，蝎子会蜕皮，脱落其原本的外骨骼，长出新的更大的外骨骼。新的外骨骼需要一段时间才能变硬。蝎子需要几年的时间，至少要蜕6次皮，才能成年。

致命的尾巴

蝎子感到威胁或准备攻击时，就会把钳子和尾巴悬在空中。它的毒刺在尾巴最末端，由一个储存毒液的球茎状囊体和一个专门射出毒液的空心针眼组成。只要蝎子的尾巴快速向前一伸，瞬间就能将毒液注入猎物体内。

殊死搏斗

不同的蝎子尾巴的大小、形状以及攻击方式各有差异。有的直接用毒刺攻击；有的甩动尾巴。这两种方法各有好处：前者更有可能击中目标，比如肥美的昆虫；后者则随时能调整到原位，发出多次攻击。

你知道吗？

蝎子通过位于腹部的 4 对书肺呼吸。

我排不了便便了！

如果让天敌抓住尾巴，那蝎子可真就遇到大麻烦了。这时，一些蝎子就会丢掉尾巴逃跑！蝎子逃跑后，尾巴会继续抽动，甚至还试图刺痛天敌。蝎子活了下来，但尾巴再也长不出来了，致命武器毒刺也就永远失去了。失去尾巴就意味着切除了肛门，蝎子就无法进行排便。便便就会在体内堆积，使蝎子身体变得膨胀起来。这听起来好可怕呀！

奇怪的肛门

蝎子的肛门没长在尾巴的根部，而是长在毒刺的末端。这说明，蝎子的消化道一直延伸到尾巴。

多用途的毒液

蝎子的毒液含有成千上万种成分，还具有抗菌特性。有一种蝎子还在自己身上涂上毒液洗澡呢！它的毒液是一种神经毒素，会攻击神经系统。它捕猎时能控制毒液量。生产毒液需要很多能量，因此通常它只对大型或难以对付的猎物用毒液。

终极格斗武器

蝎子是凶猛的猎手，它喜欢吃昆虫、蜘蛛、蜈蚣、马陆，甚至小蜥蜴和老鼠等。不同的蝎子有不同的捕猎技巧：有的能一动不动地待上几小时，耐心等待猎物经过；有的会主动寻找猎物。蝎子靠近猎物时，会用钳子抓住它，甩动尾巴，对猎物造成致命的刺痛。这一切都发生在眨眼间！

小蝎子更可怕

最大、外表最可怕的蝎子通常对人类并不致命。但通常不到 10 厘米长的小型蝎子对人类是致命的。

对人类的威胁

蝎子最喜欢藏起来，比如藏在毯子、衣服，甚至迎宾垫下面！不过大多数蝎子对人类没有攻击性，只有你不小心踩到或压到蝎子时，蝎子才会蜇你。地球上有成千上万种蝎子，而对人类有危险的还不到 50 种。蝎子蜇人最常见的反应是疼痛和肿胀。

一旦被最致命的蝎子蜇伤，人就会有口吐白沫、呼吸困难、抽搐等反应，甚至死亡。有时死亡是由于对毒液的过敏反应，而非毒液本身所致。据估计每年约有 5000 人死于蝎子蜇伤，大多发生在非洲、中东、印度、墨西哥和南美洲等地——都是最致命的蝎子生活的地方。

蝎子也需要洞穴

大多数蝎子喜欢在松软泥土或沙子里用口器、爪子和腿挖洞。通常洞穴又小又舒适，适合蝎子隐藏，且寒暑不侵。有一种澳大利亚蝎子叫亚氏螯尾蝎，会在沙漠里挖一个螺旋形的洞。有时蝎子很懒，会偷偷占领其他动物的洞穴。

害羞的家伙

你可能从未在野外见过蝎子。事实上，在野外蝎子比你想象的更常见，除非你不在晚上寻找。蝎子是夜行动物，白天它喜欢藏起来休息。

无处不"钻营"的逃票者

蝎子喜欢爬进容器和箱子里，甚至人们的行李里。此外，如果你徒步旅行，来到一个盛产蝎子的地方，在穿鞋之前，一定要检查一下，这个小家伙很可能把你的鞋子当旅馆过夜了！

吃蜘蛛的蝎子

在澳大利亚，瘦弱似等蝎（又叫螺旋穴蝎）是一种专门吃蜘蛛的蝎子，尤其喜欢以狼蛛和活门蛛为食。它侵入活门蛛的洞穴，杀死蜘蛛然后吃掉。有时它也会霸占其他没有主人的洞穴。

你知道吗？

大多数野生蝎子一般活2~6年。但人工饲养的蝎子能活25年，因为有现成的食物，也没了天敌，生活更悠闲了！

误挖到了大蝎子（蒂姆）

我曾到访过澳大利亚北部的卡奔塔利亚湾的格鲁特岛，去那里寻找一种非常稀有的跳鼠。找到它的唯一方法就是寻找沙丘上的洞穴。找到洞穴时，必须用手小心翼翼地挖掘，因为铁锹会伤到它。有时挖一米多深才能找到。

一天，天气特别热，我竟然连一只跳鼠都没有找到。于是，我对这样的工作有些厌倦了。但后来我还是找到了洞穴，发现洞口周围有脚印。有可能跳鼠还住在那里！我小心地挖下去，等挖到大约一米深时，感觉坑底好像有东西。我把手伸进流沙下面小心翻找，想把跳鼠翻出来。谁料想竟是一只满身苍白的大蝎子，这可是我平生见过的最大的一只。当时可把我吓坏了！我肯定是错把蝎子洞当作跳鼠洞了！

像小萝卜头一样消耗体能

今天你吃了多少零食？我敢打赌，你肯定比蝎子吃得多。蝎子能好几个月不吃不喝，降低体能消耗，一年仅靠一只昆虫活下来！蝎子所需的能量仅为蜘蛛或昆虫的三分之一。有位科学家将蝎子的体能消耗比作萝卜——简直太低了！不过在狩猎时它的动作仍然很敏捷，遇到天敌时它也能迅速逃避。

最喜欢热地方

蝎子很喜欢炎热干燥的地方，比如沙漠。但你也能在高山或热带雨林中发现它。沙漠中的蝎子能将身体抬离地面，就像踩高跷一样，让它的腹部保持凉爽。

有趣的事实

蝎宝宝也叫幼蝎。

太可爱啦！

像钻石一样
闪闪发亮

蝎子在紫外线下会发光！紫外线简称 UV，是太阳光中的一部分，也会被月球反射。我们的肉眼看不见紫外线，但在晚上用一种特殊的紫外线手电筒，就能看到发光的蝎子。蓝绿色荧光是在它们的外表皮产生的，非常强烈。科学家有时会把死去的生物保存在乙醇瓶里，如果蝎子以这种方式保存，它还会让乙醇发光。而且这种光芒能持续很久——有时蝎子化石也闪闪发光！

"咝咝"
警告声

只有少数蝎子发出的声音人类能听到。它发出咝咝声是在警告捕食者远离！科学家认为，蝎子利用身体下面部位之间的摩擦产生这种咝咝声。

生命力顽强的
小家伙

蝎子可真强大啊！它能在核爆试验后核辐射环境中存活，还能在完全冻结后活下来。科学家曾将蝎子放入冰箱一整夜，第二天解冻后，它却一点事儿也没有！

用身体"看"东西？

近年来，有研究表明，蝎子之所以能感应到紫外线，是因为它想要避开紫外线。凭借这种能力，蝎子能把握准时间在天足够黑的时候狩猎，或者找到最黑暗的地方躲藏。蝎子对紫外线很敏感，在明月当空的夜晚，蝎子很少活动。科学家认为，在紫外线照射下，蝎子发光的身体就像一只"眼睛"。蝎子如果感觉到紫外线的照射，就知道要赶紧离开，去找更暗的地方。那么科学家是怎么知道的呢？科学家用铝箔蒙住蝎子的眼睛，观察蝎子是否还能躲避紫外线。结果当然是可以！

真神奇！

猫鼬可猛了，一定要小心!

如果你是纳米布沙漠中的蝎子，一定要小心猫鼬。猫鼬小脸尖尖的，皮毛上有条纹，体形和宠物猫差不多，生活在庞大的群体中。但这么可爱的猫鼬有个可怕的习惯——喜欢吃蝎子! 天哪，吃完这顿饭都不知道有没有下一顿! 但它绝对是个捕蝎子能手：身手矫健，极其灵活，能瞄准蝎子致命的毒刺，然后迅速咬掉! 这下麻烦了，没了尾巴，蝎子攻击力大大降低，只能用螯来自卫。猫鼬还会把这种技能传授给它的后代小猫鼬呢!

其实，蝎子也是个胆小鬼呢!

无须交配就能生崽

一小部分蝎子（大约有 15 种）有一种非常特殊的技能，雌蝎无须交配就能生育! 这被称为孤雌生殖（单性生殖）。

蝎子进化史上的飞跃

在地球历史的最初几十亿年里，所有的生命都生活在海洋里。土地贫瘠，也看不到陆生动物和植物。那时候的世界与今天简直有天壤之别！蝎子可能是最早从海洋踏上陆地的生物哦！这可是科学家研究化石才知道的。在美国威斯康星州发现的化石中，就有一只生活在 4.37 亿年前的蝎子，它的外形和现在的蝎子很相似：两个大螯和一个带刺的尾巴。科学家观察了化石中蝎子的身体构造后，判断出这只蝎子能在陆地上呼吸。还有一块 4.3 亿年前的蝎子化石，是加拿大一位女士在自家后院发现的，她把这块化石带到当地博物馆。科学家经过仔细观察后，发现了一个非常重要的特征——这只远古蝎子有脚！这都是能进行陆地生活的主要特征。

化解戾气，转危为安

科学家认为，在求偶期间，一些雌蝎就像蜘蛛一样，习惯吃掉交配的雄蝎。而雄蝎会用一种毒性很小的"预毒液"，冷不丁给雌蝎刺一下，就能让它冷静下来。

辛苦了！蝎妈妈

蜘蛛产卵，蝎子胎生。一只雌蝎能生下多达 100 只蝎宝宝。这些蝎宝宝就像迷你版的成年蝎子一样，超可爱！小蝎子通常颜色较浅，身体柔软，这是因为幼蝎的外骨骼需要一段时间才能变硬、颜色变深。在出生后的头 10~20 天里，蝎宝宝会被蝎妈妈背在背上，不吃东西，不排泄，也不蜇人，也更安全。

天空中有只"蝎子"

等下次月亮西下、群星璀璨时，出去看看夜空。幸运的话，你会发现天蝎座。天蝎座主要由 18 颗恒星组成，这些恒星构成了蝎子的头和尾。

远古海怪

如果回到 4 亿年前，你在海洋里游泳，可能会遇到一只正在游泳的巨蝎！一种广翅鲎目动物，从蝎子的爪子尖到带刺的尾巴，长达 2.6 米，可能比两个 10 岁孩子头对脚躺着还要长。它要是还活着，会像今天的大白鲨一样令人感到危险。

蝎子女王

有些人的爱好非常怪异。有个女子和 6069 只蝎子在玻璃笼子里一起待了 30 天，被蝎子蜇了 17 次，创造了纪录！人们称她"蝎子女王"。

蝎子受到了威胁

有些蝎子受到了威胁：丧失栖息地，被人抓去当宠物卖。因此人类关爱蝎子很重要，这是为了蝎子，也为了我们自己，因为蝎子的毒液不仅能夺去生命，还能拯救生命！目前科学家正在研究蝎子毒液在医学中的用途。

特大号蝎子

世界上现存的最大的蝎子是雨林蝎，体长可达 23 厘米，在印度和斯里兰卡可以发现。

帝王蝎

光滑黑亮的帝王蝎以其拥有蝎子王国中最大的螯肢而闻名。它的螯很丰满，外表粗糙，偶有红色的光泽。一只成年黑色帝王蝎体长可达 20 厘米，是最大且最重的蝎子之一。这家伙看起来很可怕，但是毒性不强，对人类并不致命。如果蝎子的爪子能把猎物撕扯粉碎，谁还需要毒液呢！只有年轻的帝王蝎才用毒刺杀死猎物。帝王蝎生活在西非湿热的森林里，住在隐蔽的洞穴里。它那巨螯也不是万能的，一旦遇到了某些鸟类、蝙蝠和哺乳动物，也难免成为它们的口中食！

小心！

"食品柜"里的幸福生活

有时帝王蝎会在宽敞的白蚁丘中安家，有数不清的白蚁作口粮，就像住在食品柜里一样！除了吃蜘蛛、蜥蜴和小老鼠外，它还吃昆虫。

有趣的事实

帝王蝎是非洲出口最多的五种动物之一。在这些出口的帝王蝎中，有一半以上会运往美国，作为宠物出售。

母爱，无所畏惧！

雌性帝王蝎一次能生下 10~12 个宝宝，并迅速将宝宝放在自己背上。但千万别靠近这些可爱的宝宝，此时的蝎妈妈攻击性变得格外强。

很少见的群居生活

帝王蝎是群居动物，最多有 15 只生活在一起，这在蝎子当中十分罕见，因为蝎子大多数都过着独居生活。

蝎子里的影视明星

因为帝王蝎外表吓人，而毒性又不强，所以经常在电影中扮演毒蝎的角色。

真菌 + 蝎子 = 治愈顽疾！

蚊子每年害死的人比其他任何动物都多，这与蚊子的小嘴无关，而是由于蚊子携带病原。当蚊子叮咬时，嘴巴会将病原带入我们的血液，引发蚊媒疾病。比如疟疾，这种疾病每年危害数亿人的健康。不过，科学家发明了对抗疟疾的新武器，那是一种含有蝎子毒液的真菌！这种微型真菌能入侵蚊子体内，于是科学家使真菌携带蝎子毒液中的抗疟原虫蛋白，杀死疟疾病毒，使这种疟疾传播率大大降低。

走近科学！

印度红蝎

霍屯督蝎

印度红蝎小巧可爱，身体是橙色的，尾巴上有条纹，长着红色的尖刺。它体长大约 5～9 厘米，完全能放在手心里——但千万不要把它捡起来！它是地球上最致命的蝎子之一，被这个家伙蜇一下，会引起剧痛、全身出汗、呕吐、肺部积液和心跳加快等症状，所有被蜇后去看病的人中就有 40% 死亡。而它平时不轻易伤人，只在万不得已时才用毒刺。印度、巴基斯坦、尼泊尔和斯里兰卡等潮热的地区，是它的首选栖息地。不过它常在人类居住地附近出没，喜欢和我们共享家园！

别忘了穿鞋哦！

印度红蝎很害羞，不主动蜇人。但如果你狠狠地踩它一脚，它也会竖起红刺还击！因此在它的栖息地附近，喜欢不穿鞋在外面玩的孩子就要注意。

不同寻常的宠物

有人把印度红蝎当宠物来饲养。这些人胆子真够大的啊！

味道美极啦！

最喜欢吃蟑螂

这种致命的蝎子最喜欢吃什么呢？蟑螂！印度红蝎常潜伏在暗处，通过振动来探测猎物，并用钳子和毒刺出其不意地攻击。它只在晚上捕猎，在白天休息。

以色列金蝎

别看这是一只明亮的黄黑相间的小动物，但它名声很可怕。它就是以色列金蝎，身长可达10厘米，扁平瘦小的身体很不起眼，但它含有剧毒。一旦被这种蝎子蜇了，就得花很长时间才能走出那种痛苦的阴影。成年人让它蜇一下，97%的人不会死亡，蜇死的大多数都是儿童。这些小家伙生活在北非和中东干燥的沙漠地区，常躲在岩石下或洞穴里，还会钻进其他动物遗弃的洞穴里。

蝎子的毒液主要用于科学研究，是世界上最昂贵的天然液体之一，每升价值数百万美元呢！

毒液还能挽救生命？

蝎子并非总是夺去生命，有时还能救死扶伤！蝎子毒液有很多不同的成分。比如，以色列金蝎毒液中有一种成分叫氯毒素，能附着在癌细胞上。医生在氯毒素中添加一种发光染料，然后把它作为"肿瘤涂料"照亮癌细胞，就能在患者体内定位癌细胞。氯毒素也能用于癌症的放射性治疗，帮助减轻癌症患者的痛苦。谢谢你，可怕的蝎子！

闪电般的攻击

以色列金蝎是尾巴攻击速度最快的蝎子，每秒可达1.3米。

黑粗尾蝎

黑粗尾蝎长着粗大的黑尾巴，还拥有薄薄的红色螯肢。它有一种特殊的天赋：能将毒液喷射到一米开外。要是毒液溅到人的眼球上，眼睛就会非常疼痛，可能会在几分钟内看不见东西。不过别担心，要想让它朝人们喷毒液，就得抓起它的尾巴，打它的脸，让它受到真正的威胁才行！科学家经过实验才弄清了这一点。黑粗尾蝎喷毒液是它最后一道防线，它甚至能控制毒液的喷出量。不到万不得已，这个家伙是不会使用宝贵毒液的。

一只蝎子，两种毒液

科学家发现，黑粗尾蝎会喷两种毒液：预毒液和全毒液。被预毒液喷溅到会很痛苦，但不会致死。预毒液是用来防御天敌的。而全毒液会攻击动物的大脑、脊柱和神经，能致命。全毒液是黑粗尾蝎最后的绝招，因为生产全毒液需要消耗它大量的能量。

别碰我的尾巴

黑粗尾蝎喷出来的所有毒液，包括空中飘浮的，都能抵御狡猾的天敌。食蝗鼠是蝎子的大克星，它攻击黑粗尾蝎时，会抓住蝎子尾巴。黑粗尾蝎发现自己的刺派不上用场了，也豁出去了，就将毒液喷向食蝗鼠的脸，拼命逃脱。人类受到蝎子攻击时，也可以夹住它的尾巴，不让它的刺蜇到。

条纹木蝎

美洲沙漠木蝎

　　条纹木蝎是美国最常见的蝎子，体色由黄到棕呈渐变色，背部有两条黑色条纹，钳子和尾巴又细又长，身长可达 8 厘米。它喜欢待在岩石和原木下面等潮湿凉爽的地方。它喜欢爬树去猎食，吃小昆虫、蜘蛛和蜈蚣等。

当心我细长的钳子哦！

哪个蜇得更痛？

　　条纹木蝎的刺伤不致命。那么雄蝎和雌蝎到底哪个蜇得更痛？为此，科学家研究了小老鼠被这种蝎子蜇伤后舔爪子的行为。小老鼠舔爪子的次数越多，刺痛感就越强。最终实验表明，雄蝎蜇得更痛。

不要靠近我的仙人掌

　　幼小的条纹木蝎会避开那些脾气暴躁的大蝎子出没的地方。小蝎子生活在草地上，而大蝎子生活在带刺的仙人掌植物中。

背着蝎宝宝的超级妈妈

雌性条纹木蝎在交配后，需要长达 8 个月的时间才能分娩。雌性条纹木蝎在产后会将宝宝放在自己背上，而所有宝宝的体重能达到妈妈体重的 40%！不过蝎宝宝在妈妈背上只待两个星期。

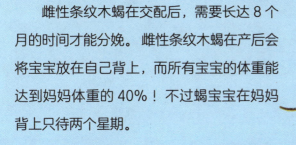

超级妈妈！

求偶

条纹木蝎在交配前，会通过跳舞求偶。科学家认为，在求偶舞中，雄蝎的体形越大，就越受雌蝎的青睐。

不好惹的蝎妈妈

条纹木蝎的雌雄在外表和行为上都有所不同。雌蝎强悍、好斗，体形大，速度慢，受到天敌威胁时一般会反击。雄蝎胆子小，体形小，速度快，遇到天敌时往往会逃跑！如果雄蝎被天敌戳了一下或落到人类手里，也不会轻易用毒刺。但雌蝎很有可能用毒刺，在用尾巴进行多次攻击时，速度更快。

黄肥尾蝎

一起看看世界上最危险的蝎子之———黄肥尾蝎吧！因其黄灿灿的华丽身体，丰满的螯肢和厚实有力的尾巴，而为人所知。它的尾巴很肥，占了全身重量的四分之一。它的属名 *Androctonus* 在古希腊语中是"杀手"的意思。据估计，每年有多达 1000 人被这种蝎子蜇伤。它的毒液毒性很强，如果不及时治疗，高达 10% 的蜇伤者会死亡。其中死亡的大多是儿童，且这种蜇伤会对健康造成长期影响。此外，黄肥尾蝎经常生活在人类附近。它体长不到 10 厘米，常生活在北非和中东地区，习惯在墙壁的裂缝中藏身，也喜欢在住宅外围护栏的仙人掌中舒适地生活。

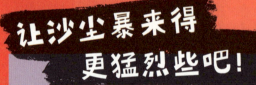

让沙尘暴来得更猛烈些吧！

沙漠中的生活十分艰苦，不仅极其干燥，而且白天极端炎热，晚上又极端寒冷，沙尘暴经常发生。沙子具有磨蚀性，在暴风中，沙子移动的速度非常快，还能把钢铁上的油漆刮擦掉。在沙尘暴肆虐期间，沙漠附近的居民都待在家里，因为飞沙会损害身体健康，比如，造成眼睛和肺部的损伤。大多数沙漠动物也在地表下挖洞来躲避。不过，在沙尘暴肆虐的时候，有位"硬汉"不躲也不藏，独自淡定地待在地面上，那就是黄肥尾蝎。

你知道吗？

有 18 种不同的肥尾蝎，它们都喜欢干燥的沙漠。

天生一副铁皮骨

黄肥尾蝎的外骨骼并不光滑发亮，而是覆盖着成千上万的小圆丘，看起来就像一套"盔甲"，但只有在显微镜下才能看到甲片。而在沙尘暴中，一套凹凸不平的盔甲比一套光滑的盔甲更加坚固，即使没有任何遮蔽，也能大大增加它的存活率。

有趣的实验

为了弄清楚黄肥尾蝎凹凸不平的盔甲是如何在沙尘暴中帮助它抵御风沙的，科学家进行了一系列有趣的实验。首先，科学家使用激光扫描它的身体，然后用电脑分别制作了一副凹凸不平的盔甲和一副表面光滑的盔甲3D图，并进行比较。科学家又设计了一场电子虚拟沙尘暴，对两种盔甲进行冲击，结果发现，凹凸不平的盔甲受到的破坏程度要小得多。科学家不满足于虚拟模型，于是在实验室里，用钢铁制造了两种真实的盔甲模型。科学家用一种特制的气枪，发射高速沙粒，冲击这些钢盔甲。跟电脑模型实验的结果一样，凹凸不平的盔甲的承压力更强。这也太酷了吧！通过这些实验，我们更好地了解了黄肥尾蝎，而且这对汽车和飞机等机器制造业也有着重要意义。设计成凹凸不平的表面，机器在沙漠中受沙尘的破坏程度就会大大减小，而且遇到大风天，可大大降低可能引发的损伤。

有趣的事实

最早用于研究的毒液之一是1960年实验中使用的黄肥尾蝎的毒液。

伪蝎

这种动物的爪子很小，看起来像失去尾巴的小蝎子。然而这是一种全新的动物——伪蝎。伪蝎有 8 条腿，身体有分节，通常形状像一小滴泪珠。伪蝎和蜘蛛、蝎子一样，都是蛛形纲动物。全世界大约有 3000 种伪蝎！许多伪蝎喜欢躲在腐烂的木头和落叶下，有一种伪蝎甚至在甲虫的翅膀下安家！许多人从未听说过伪蝎。伪蝎很容易被忽略，因为这种动物长度从不超过 1 厘米，而且大多数还不到 0.5 厘米。

古老的伪蝎化石

迄今为止，发现的最古老的伪蝎化石有 3.8 亿年的历史。另一只远古伪蝎的遗骸是在琥珀中发现的，这只伪蝎困在里面超过 1 亿年了！

不可思议！

有趣的事实

与伪蝎最近的亲戚不是蝎子，而是骆驼蜘蛛。

体貌特征

- 分节的身体，形状像泪珠
- 8 条腿
- 两只爪子
- 毒爪
- 两双眼睛、一双眼睛或没有眼睛
- 颚部产丝

谢谢你，小家伙

伪蝎值得鼓掌表扬！

伪蝎捕食人类讨厌的动物，比如吃衣服的飞蛾和啃地毯的甲虫。伪蝎还对蜜蜂的寄生虫感兴趣，绝对是养蜂人的好朋友！

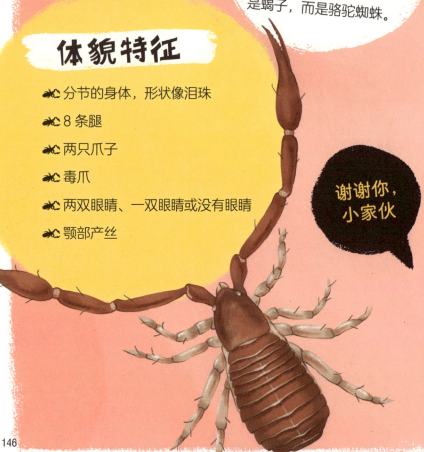

毒液和丝的来头

像蜘蛛一样，伪蝎也会分泌毒液和丝。但伪蝎的丝来自下颚而不是屁股，毒液来自爪子而不是尖牙！伪蝎是掠食者，但不用丝捕猎；伪蝎大多都是用丝来筑巢或结茧。毒液在身体前部的长爪中。当猎物被毒液麻痹不能动弹时，伪蝎就会趁机向其吐唾液，分解猎物，从而更方便把猎物吸进体内。伪蝎太小了，一般不会咬人，伪蝎更喜欢小而软的猎物，比如毛毛虫和螨虫等。

伪蝎"女儿国"

大多数伪蝎像蝎子一样交配：雄伪蝎会把精囊丢在地上，希望能被雌伪蝎发现。但有些雌伪蝎完全不用精子就能繁衍出雌性后代，这使得雌伪蝎数目大增，这种现象叫孤雌生殖，也叫单性生殖。其实，其他一些节肢动物，如蝎子、螨虫和缓步动物 *，也能通过这种方式繁殖。

* 缓步动物：一类在水中或在潮湿土壤中生活的微生物。

擅长搭顺风车

伪蝎擅长跳到其他动物身上，搭顺风车。当伪蝎发现一只昆虫快速飞过时，它会跳到昆虫身上，用小爪子紧紧抓牢昆虫，这样就可以走得更远，这就叫"寄载"。

向杰夫致敬

科学家在美国大峡谷的一个山洞里发现了两种伪蝎，它们只有 3 毫米长，没有眼睛。其中一种伪蝎学名叫 *Hesperochernes bradybaughi*（车恩拟蝎科），是以杰夫·布兰迪伯尔的名字命名的。杰夫在美国大峡谷国家公园工作了 30 多年，是洞穴探险的爱好者。

有社交的伪蝎

大多数伪蝎都是独居动物，但来自中美洲和南美洲的一种等阿伪蝎却通常生活在多达 200 只的群体中。这些小伪蝎全都挤在树皮下生活。就像狼一样，这种伪蝎成群狩猎，可以攻击比自己大得多的猎物，比如甲虫和蜘蛛。它们在树皮缝里等着，爪子伸出来，悬在空中，一旦感觉到振动声，便知道有猎物靠近，就会跳出来，用毒爪抓住猎物。当猎物被毒液麻倒时，这些小伪蝎就一起把猎物拖到树皮下面大快朵颐。

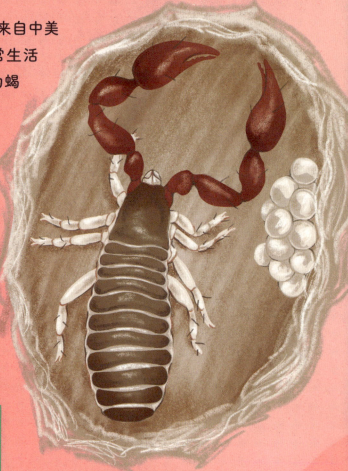

论功行赏

这个伪蝎家族中的伪蝎在狩猎时有着不同的角色。杀死猎物的伪蝎居头功，所以它先吃食物。它吃饱后，就轮到小伪蝎了。而一旁看热闹的最后才进食！科学家认为，这些凑热闹的伪蝎在家族中一定是有分工的，比如负责打扫卫生和生育更多的孩子。

再饿不能 饿孩子……

如果合伙捕猎失败，这些伪蝎就会挨饿。伪蝎妈妈为了不让孩子挨饿，会让孩子吃掉自己！伪蝎妈妈站在宝宝面前，将小爪子举到半空，然后轻轻振动，这是在鼓励宝宝一拥而上，吃掉自己。

"丝"宅里过家家

在银色树皮下，伪蝎准妈妈用丝筑成精致的巢来产卵和抚养孩子。它们都是非常称职的"家长"。

蟹形拟蝎

蟹形拟蝎喜欢舒适的家居环境，如果一所房子特别旧或潮湿，也许这里就有一整窝！这个小家伙就是喜欢和人类在一起，它开始进入人类家园已经是很久以前的事了。1758年，一位科学家首次描述了蟹形拟蝎。它遍布世界各地。

这种伪蝎可能离你很近！

你知道吗？

蟹形拟蝎是世界上分布最广泛的伪蝎。这和人类无意之中的传播有很大关系。

名字有什么含义?

蟹形拟蝎习惯宅在书中,又叫书蝎。这不是说它喜欢阅读,而是喜欢书虱!书虱是一种没有翅膀的小昆虫,喜欢啃噬书页。

搭建求偶"舞台"

到了交配的时候,雄性蟹形拟蝎会先给自己做个2厘米长的"舞台"。它在舞台中央地面蹭着肚子,到处散发自己的气味,希望能引诱附近的雌性过来。然后,它开始放大招,表演一连串舞蹈!它在空中挥舞着爪子,并以极快的速度振动着身体。跳完舞后,它把一个精囊扔在地上,留给雌性让卵子受精。

坐稳了,甲虫号航班准备起飞了!

球棒伪蝎(苦伪蝎科)

球棒伪蝎来自中美洲和南美洲,这种伪蝎一生中大部分时间都在长臂天牛(一种甲虫)的彩色翅膀下度过。不在甲虫背上的时候,它喜欢在腐烂的木头里待着。球棒伪蝎把甲虫当作便车,在腐烂的木头之间穿梭。这样不仅能免费坐便车,还有了稳定的食物供应,那就是甲虫身上的寄生螨。

对这种伪蝎来说,住在虫子身上的确舒适、便利。

甲虫翅膀下求偶

甲虫的翅膀下是求偶的好地方！一只雄伪蝎有时会赶走其他雄性，独自霸占甲虫的翅膀。甲虫每飞到一个新地方，都会有雌伪蝎跳上跳下。有时一只长臂天牛身上能搭载多达 30 只伪蝎！伪蝎还会在甲虫翅膀下交配。

嘿，不要这样捏我！

伪蝎很聪明，它们选择在小甲虫第一次飞行的地方闲逛，伺机搭便车。为了钻进甲虫翅膀下面，伪蝎会聚集在甲虫周围，用小爪子捏甲虫的腹部！甲虫被惹恼后会抖动翅膀，伪蝎趁甲虫翅膀抬起的工夫就能跳上去。

你知道吗？

甲虫在半空飞行，颠簸得很厉害，这种伪蝎会从爪子里分泌出丝做成安全带！

一群怪咖

无鞭蝎

无鞭蝎身体宽大扁平，外表有点儿像蜘蛛、蝎子或螃蟹的幼崽！但实际上都不是！因为它既没有蜘蛛的毒牙，也没有蝎子的长鞭尾巴，也不能释放毒液。它有 8 条腿和一对大钳子，最前面的一对腿又长又细，是重要的感觉器官。它是蜘蛛和蝎子的近亲，属于一个特殊群体——蛛形纲无鞭目。

无鞭蝎真的没毒

如果你晚上去灌木丛附近散步，有可能会遇到各种动物，比如无鞭蝎！它样子虽然很吓人，但对人类完全没有危害，它们很害羞，钳子带刺但没有毒，因此没必要害怕。如果你想近距离观察它，那你必须非常小心翼翼地慢慢接近它，因为它一旦发现了，或探测到了你，就会迅速跑开。

体貌特征

- 身体分为两部分
- 身体扁平、分节
- 有 8 条细长腿
- 第一对腿是重要的感觉器官
- 有一对钳子
- 大多数有 8 只眼睛
- 没有毒牙，也没有毒液

名字有什么含义？

无鞭目的学名是 Amblypygi，意思是"钝的尾巴"。

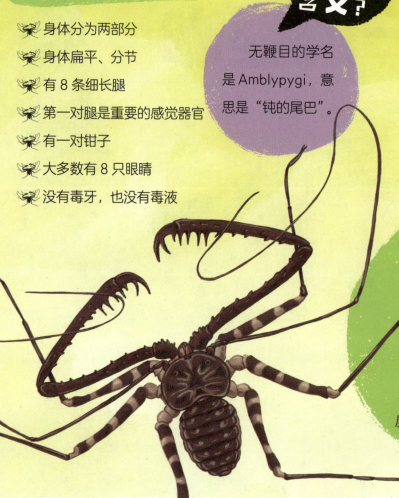

有趣的事实

在电影《哈利·波特与火焰杯》中，一位老师拿无鞭蝎当实验品，向学生展示了被封禁的咒语的魔力。

深入了解无鞭蝎

这些古怪的节肢动物白天喜欢藏起来，只有在半夜才出来行动。无鞭蝎生活在黑暗的环境里，虽然大多数有8只眼，但视力极差，在黑暗中爬行时，需要通过触觉、嗅觉和味觉来寻找方向。世界上有150多种无鞭蝎，体长1~5厘米不等，主要分布在温带和热带地区，比如雨林。它们大多数选择栖息在树丛、岩石缝隙，甚至山洞里。

并非每条腿都能走路

无鞭蝎虽有8条腿，但只用其中的6条来行走。它的第一对腿很了不起，可以感知周围的情况。这对腿非常长，能达到无鞭蝎体长的6倍，而且很灵活。这对腿也非常敏感，能精确探测到地面的纹理，还能闻和嗅，甚至能识别同类伙伴并进行交流。在黑暗中，无鞭蝎的第一对腿不停地移动，探索周围环境，寻找猎物或配偶。

我要吃遍动物圈！

无鞭蝎吃各种各样的猎物，对飞蛾和蜘蛛也来者不拒，尤其喜欢吃肥美的蟑螂和蚱蜢。一些科学家观察到它还捕食蝎子、小龙虾，甚至蜂鸟！

我的大钳子可是不长眼的

无鞭蝎的嘴两侧有一对大钳子，也称为触肢，用来捕猎。无鞭蝎休息时，大钳子能折叠起来，或者伸出来形成大"L"形。蜘蛛和蝎子都有触肢，但两者的外形大不同。狩猎时，无鞭蝎张开大钳子，耐心地等待猎物的到来，同时第一对腿也在黑暗中探寻猎物。当它探测到有东西靠近时，钳子就会迅速合拢，抓住猎物。它还能用钳子捕捉飞行中的动物！有些无鞭蝎的钳子很长，就像细长的棍子；而有的钳子要短得多。短钳子的无鞭蝎用第一对腿把猎物推送到离自己足够近的地方，以便捕获。

洞穴巧遇无鞭蝎（蒂姆）

1991年，我在印度尼西亚东部偏远的格贝岛观察、记录哺乳动物群，几乎每天都有新发现。

一天，我在湖边的一个洞穴里发现了一群银色蝙蝠，我还从未见过如此壮观的场景。为了近距离观察，我只能匍匐在地，穿过一条很窄的通道，有的地方通道快贴上我的鼻子了。突然，我听到断断续续的沙沙声。原来是一群无鞭蝎，每一只都有我的手那么大，潜伏在通道顶上，它们就像灰蜘蛛，没有獠牙，有带刺的像蟹螯一样的大钳子！

乍一看，我吓坏了，我从来没有见过这样的无鞭蝎。然后我想起书上说的，它们是无害的，这才放心。

进入密室后，我看到一些长着巨大的蹼足的蝙蝠，像喷气式战斗机的机翼那么大，还有长长的尖耳朵，它们叫基岛鼠耳蝠，是地球上最稀有的蝙蝠之一！人类首次发现它们是在近100年前，此后只见过一次。它们白天在山洞里睡觉，到了晚上，用带尖爪的长脚趾在湖面上捕鱼。我很兴奋，返程时，也不害怕无鞭蝎了，很自然地爬了过去。

无须地图也能回家

无鞭蝎方向感极强，即使在茂密的雨林中被移到了10米之外，没有地图，也能找到回家的路，很了不起！

家庭生活！

无鞭蝎的家庭生活很有趣。成年无鞭蝎寿命很长，能活10年。有些生活在大家族中，父母和孩子形影不离。至少有一种是一夫一妻制的，一生只和一个配偶生活在一起。

超级大脑袋！

有趣的事实

在无鞭蝎的大脑里，有一个非常大的区域，用于学习和记忆。与其他昆虫、蜘蛛或蝎子相比，无鞭蝎脑袋里的这个区域在身体中的占比最大。有些无鞭蝎是社交型的，还能识别同类。也许，它们还给自己起了名字呢！在实验室里，科学家发现无鞭蝎具有非凡的学习能力。如果让它多次去走同一个迷宫，这些小家伙都能成功走出来，而且每次都能优化路线，少走弯路。

无鞭蝎可以侧着行走，就像螃蟹那样"横行霸道"！

妈妈，我要抱抱！

与蜘蛛和蝎子不同，无鞭蝎就是喜欢依偎在一起！一旦孩子能独立行动时，妈妈就会用长腿抚摸孩子，爱是相互的，孩子也会抚摸妈妈，而且兄弟姐妹也相处融洽。在孩子成长阶段，这一大家子至少能在一起团聚一年。

骆驼蜘蛛

避日蛛

骆驼蜘蛛是一种凶猛的节肢动物。它巨大的下巴很抢眼，能长到体长的三分之一！而其余部位显得都很小。它只需用力嚼几口，猎物瞬间就会变成碎末。它狩猎时耐力惊人，更不用提食欲了。

骆驼蜘蛛属于避日目，拉丁学名 Solifugae，是"逃避太阳的种类"之意。它在白天躲避沙漠中的烈日。

名字有什么含义？

体貌特征

- 身体分 2 节
- 有 8 条腿
- 有巨大的下巴
- 有两只中心眼
- 无丝、无毒

你知道吗？

骆驼蜘蛛的下巴在一起摩擦时，会发出咝咝的声音。这可能是为了警告掠食者不要靠近。

很容易被误解的名字

骆驼蜘蛛既不是骆驼也不是蜘蛛，属于蛛形纲避日目避日蛛科动物。虽然它看上去有 10 条腿，但实际上只有 8 条。最接近头部的一双腿专门用来寻找和抓捕猎物，上面长着细小的毛发，可以感知周围的一切。它的身体是分段的，根据种类，体长从几毫米到 15 厘米不等。最大的大约和一个鸡蛋一样重。它遍布在世界各地的沙漠中，除了大洋洲和南极洲。白天它躲在岩石下、牛粪下或洞穴深处。它挖洞的速度很快，在沙地上几乎不留下任何痕迹。当夜幕降临时，它又会从藏身的洞穴中钻出来，进行捕猎。

卡拉哈里沙漠的
"法拉利"

骆驼蜘蛛被称为卡拉哈里沙漠的法拉利。"法拉利"是一种奢华的高性能赛车。它以跑得快而著称，就像法拉利在沙漠中高速行驶一样！许多节肢动物都是伏击型掠食者，它们静静地待着，等待时机，给猎物出其不意的袭击。但骆驼蜘蛛不这样！它不知疲倦，在寻找一个猎物时可以跑上一整天。它的最高速度纪录是每小时 16 千米——这比人类每小时 11 千米的平均跑步速度还要快。有一位科学家在沙漠中追了两小时都没追上骆驼蜘蛛。

除了蚂蚁，其他通吃！

骆驼蜘蛛的食谱很广，从白蚁、甲虫和黄蜂，到蝎子和蜘蛛，无所不吃。而且这家伙的胃就像填不饱似的！不过它还真有忌口，那就是蚂蚁，就像某些人受不了抱子甘蓝的味道一样。与蜘蛛和蝎子一样，它也会先把消化液喷在受伤的猎物身上，然后就将猎物嚼成汤糊糊一般，再大口大口地吃下。

为什么跟蚂蚁过不去？

骆驼蜘蛛待在蚂蚁巢穴的入口处，攻击一只又一只的蚂蚁，但一只也不吃。目前科学家还不能确定：为什么它跟蚂蚁过不去？是不是因为它讨厌蚂蚁的味道？或者是为了霸占蚂蚁的窝来过夜？

千万别关在一起

骆驼蜘蛛有1100种，目前人们对它们了解得还不够。在实验室里，它是出了名的难伺候！而且它如果心情不好，甩开膀子就干仗，不管是跟谁。科学家发现，不能把骆驼蜘蛛关在一起，那样会引来互相残杀。

人类放心的室友

骆驼蜘蛛很凶猛，但如果你在家里发现了它，大可放心，它没有毒。

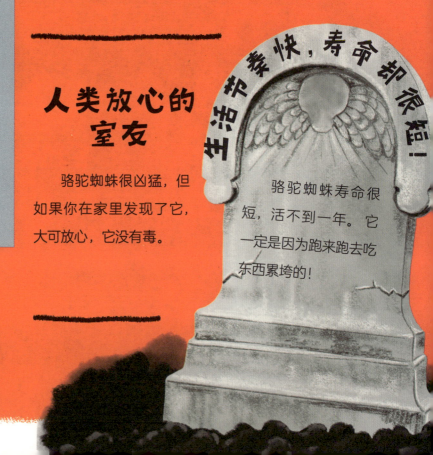

生活节奏快，寿命却很短！

骆驼蜘蛛寿命很短，活不到一年。它一定是因为跑来跑去吃东西累垮的！

海蜘蛛

海蜘蛛的身体很小，人们几乎看不到。你能分辨出它的头和尾吗？如果不仔细观察，科学家也无法分辨！这些小家伙长着8条大长腿，每条腿的末端都有一对爪子。尽管它生活在海洋中，但它通常不游泳；相反，它迈着多条长腿沿着海底优雅地散步。

五彩缤纷的海蜘蛛

海蜘蛛约有1500种。有些是透明的或白色的，有的是亮粉色或红色的。还有的堪称最漂亮的，腿上有亮黄色的条纹。有时海蜘蛛藏得很隐蔽，比如藏在泥土和生物残躯等杂碎物中，很难被发现。

海蜘蛛纲的学名 Pycnogonida 意思是"厚实或多节的膝盖"。

名字有什么含义？

体貌特征

- ❋ 体形小
- ❋ 8条细长的腿（也有个别种类有10或12条腿），末端有钩爪
- ❋ 器官位于腿上
- ❋ 眼睛长在头上的小突起（眼丘）上
- ❋ 吻部用于觅食
- ❋ 嘴巴像一个三角形

你知道吗？

腿部跨度最小的海蜘蛛是一种生活在帕劳共和国附近海域的澳海蛛。它只有2毫米宽，比芝麻还小。

不可思议的身体构造

海蜘蛛没有心脏，它用腿上的肠子将血液输送到全身。这可真奇怪！它也没有肺或鳃，在深海中，最大的海蜘蛛的腿上有很多小孔，就像瑞士奶酪一样。通过腿上的孔，它"呼吸"更多氧气。

功能齐全的附肢

海蜘蛛还有三对额外的附肢。第一对离进食管最近，末端爪子用来抓取食物；第二对更像触角，能感知周围的环境；第三对用途很有意思，那是雄性海蜘蛛专门携带雌蛛产的卵用的！也叫"抱卵肢"。它们还用抱卵肢梳理腿毛。

重点都在腿脚上

海蜘蛛的身体非常小，它的肠道实际上都长在腿上。而它的肠子能一直长到脚上！

我要打包，谢谢！

你吃饱后，过一会儿又想吃，怎么办呢？打包带走！科学家见过一只海蜘蛛掰断海葵的触手，把它带走之后再吃。

吧唧吧唧…… 咕噜咕噜！

在海蜘蛛的头部，你会发现一个长长的像管子一样的口鼻部。管子末端是嘴巴，形状像个三角形。它的嘴唇不是两片，而是三片。海蜘蛛不会在海底织网捕猎。相反，它用长长的吸食管刺穿猎物的内脏并将其吸走。它喜欢吃慢悠悠的海洋软体生物，如海葵、海绵和水母等。食物在进入吸食管后得到分解，在肠道内消化。大多数海蜘蛛是食肉的，也有些是食腐的，还有些是植食性的。

从浅滩到深海无处不在

在地球海洋中，从浅滩到深海都能见到海蜘蛛。浅水区的海蜘蛛非常小，几乎看不见。在海滩与大海的交汇处，它仅有几毫米长。在寒冷的深海中，海蜘蛛则非常大。历史记录中发现的最大的海蜘蛛腿的跨度长达 70 厘米。

一个古老的群体

海蜘蛛看起来有点像陆生蜘蛛，但它们属于自己的特殊群体：海蜘蛛纲。它们可能已经存在 5 亿年了，比陆生蜘蛛的生存史长多了。

踩着高跷在海底游荡

有史以来，在海洋中发现的海蜘蛛生活的最深处，是在 7000 多米深的海底。这里的海蜘蛛是所有海蜘蛛中最大的，身体半透明，长着超长的细腿，像踩着高跷在海底游荡。它们的栖息地被漆黑和冰冷的海水包围，阳光无法照射到这里。生活在这么深的地方，自然承受着巨大的水压，感觉就像你头上顶着 100 头大象一样！它们在深海生存极其艰难，这里不仅寒冷、黑暗，而且食物也不多。

海蜘蛛好爸爸！

海蜘蛛准备交配时，都会聚在一起。雄蛛从雌蛛身上收集卵子，用精子受精。然后雄蛛分泌些黏性胶液，把受精卵放在抱卵肢上。雄蛛在小宝宝孵化前后，对它们细心地照顾，尽职尽责。

缓步动物（水熊虫）

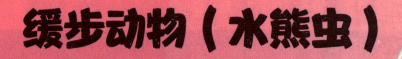

缓步动物身体圆胖，每条腿都很粗壮，就像一只吃得过多、等着揉肚子的拉布拉多犬。它是地球上最可爱的小动物之一，但远没有狗那么大，大多数连 0.5 毫米都不到。缓步动物非常可爱，也有几个可爱的绰号：水熊虫、苔藓小猪等。水熊虫几乎生活在陆地或水中的任何地方，尤其喜欢潮湿的环境，如潮湿的苔藓和落叶中。它丰满的身体被一层薄薄的水覆盖，能防止自己脱水。这些小动物很特别，属于缓步动物门，而且与昆虫、蛛形纲动物以及蛔虫有亲缘关系。

生命周期

生命周期是指一个生物从出生到死亡的整个生命历程。

　　雌性水熊虫产卵。卵需要一个月才能孵化，成年的水熊虫大约只能活100天。因此人们对它的交配过程知之甚少。不过2016年，科学家幸运地拍到了两只水熊虫交配的视频。在视频中，雌性首先在外皮下面产卵；然后，雄性将精子储存在雌性的外皮下；最后，雌性用精子进行受精。如果找不到雄性交配，雌性则会把卵子吸回体内！

是时候跟水熊虫拉近距离了！

我们用显微镜将水熊虫放大30倍：它的身体是透明的，而且腿向右倾斜，末端是小爪子。体外被一层坚硬的外皮即角质层覆盖。它长大时，角质层就会脱落，前6条腿被夹在身体下面，用于行走。它走路从不着急，喜欢慢半拍。最后一对腿朝后，从后面伸出来，这双腿用来抓东西，有时也用来表演慢动作特技。科学家曾拍摄过一只水熊虫在一个绿色的小球藻上奔跑的视频，就像在马戏团耍杂技一样！

看看它皱巴巴的头吧！它的脸中间有一张小圆嘴，像个吃惊的表情符号。水熊虫就像一个行走的真空吸尘器，蹒跚前行时不断吸取食物。这张嘴里有敏感的突出组织，喉咙里有一些小穿刺口器，吃东西时能抓牢食物。不同的水熊虫有不同的饮食习惯。有的喜欢吃藻类和苔藓等植物，有的吃真菌等微生物。一些较大的水熊虫长约2毫米，捕食小蠕虫或小个头的水熊虫，能把猎物整个吞掉。科学家从它透明的身体可以看到它吃的食物，因此得出了这一结论。

水熊虫看起来小，但身体结构与大型动物相似。它有个小脑袋和一个完整的消化系统，但它没有心脏和肺。它能通过体表呼吸，全身都在进行血液和氧气循环。

哇！

体貌特征

- 头小，身体丰满
- 8条腿，每条腿上有4~6只爪子，最后一对腿向后长
- 坚韧的外皮称为角质层，脱落后能再生长
- 圆嘴能吸取食物

有趣的事实

1773年，德国科学家格策首次发现了缓步动物，并第一次给这个动物取了个可爱的昵称"水熊虫"。

我走遍了全世界

无论走到哪里，深邃的海洋、高耸的山峰、干燥的沙漠、火山熔岩流动的地带，或者高大树木的顶端，甚至南极洲的企鹅群中等，都有水熊虫的踪迹。它的生命力无比顽强。

名字有什么含义？

缓步动物因行动迟缓而得名，学名 Tardigradas，意思是"缓慢的步行者"。

来一场说走就走的旅行

水熊虫是大自然的开拓者，也是最喜欢冒险的动物！它是首批探索新地方的动物。它只有沙粒那么大，能随风飘动。狂风平息后，它们像雨滴一样落在高山顶部或参天大树上。水熊虫属于单性生殖。它到一个新地方时，完全靠自己就能建立起一个家园！

独一无二的门类

科学家将不同的亲缘动物归为不同门类。一个门类可以包含各种各样的动物。而水熊虫很特殊，属于一个独有的门类——缓步动物门，这个门类中大约有 1300 种水熊虫。

找到属于你自己的水熊虫

找到水熊虫很容易。首先在花园找一些苔藓。然后把苔藓泡在水里，20分钟后，将水挤到一个平板玻璃上。等黏稠物沉淀后，用放大镜在玻璃上就能找到！

巧遇"意大利面"卵子

2018年，日本一名男子在公寓的停车场散步时发现了一些苔藓。平常人对此都不会太在意，但这名男子是一位研究水熊虫的专家！随即他将苔藓带回了实验室。这一检查不要紧，他竟然发现了一种新型的水熊虫！它看起来跟别的水熊虫没什么两样，但它的卵子外形很奇特，上面像附着意大利面。科学家认为，这种物质有助于卵子牢牢附着在物体表面上。

个头虽小，却是宇宙级硬汉

水熊虫似乎在哪都能生存。它属于嗜极生物。嗜极生物在极端环境中生长繁殖，比如酷暑、严寒或极端干旱。水熊虫被冰冻几十年仍然能恢复生机，生命力异常顽强！它能在 −275℃ 的低温中存活 20 小时。这比冬天的北极还要冷 7 倍，和外太空深处的温度一样！而极端高温也拿它没办法，它在被烹煮后，竟安然无恙，还能在 150℃ 的高温下生存。

不过，水熊虫的超能力还远不止于此。它能在海洋最深处压力的 6 倍的巨压下生存。它也能在有害的辐射和外太空的真空条件下生存。我们如果被扔进太空，几秒内就会死。当我们体内的水变成气体时，身体会膨胀至原来的两倍大。如果没有大气层，太阳辐射将是致命的，但水熊虫却能安然无恙！

冷冻 30 多年 又复活了！

1983 年，日本科学家在南极探险时，收集了一些水熊虫，将它们冷冻在 -20℃ 的冰箱中，里面没有食物。直到 2014 年，这些科学家才把它们解冻！神奇的是，它们又活了。其中有一只还产下卵，并成功孵化出了宝宝！

你知道吗？

一只干瘪的水熊虫能进入一种"隐生盖"* 的假死状态。

*隐生盖：水熊虫排出体内几乎所有水分，身体变得干瘪皱缩的状态。

大灾大难都和我擦肩而过

科学家认为，无论发生什么灾难，水熊虫通常都能幸存下来——即使小行星撞地球，所有生物都死了，水熊虫都会安然无恙！它被当作子弹射击出去依然能存活下来。

哇！

起死回生的超能力

水熊虫的超能力长期困扰着科学家。为什么这么小的身体在极端条件下还能安然无恙呢？那是因为水熊虫有脱水能力，能在条件极其不利的危急时刻按下生命暂停键。只有在身体有了一层薄薄的水覆盖时，它才会活跃。如果天气太干、太热或太冷，它的身体就会萎缩，失去体内 97% 的水分，体形缩小到原来的三分之一！此时它进入休眠状态，像假死一样，一直等到环境改善。只要一滴水就能让它起死回生。

造福人类

如果科学家能弄清它的身体是如何在危急时刻休眠的，这也许会给正在饱受重大创伤和疾病的患者带来希望。一旦有人心脏病发作，就必须迅速送往医院。如果护理人员提前就能让疾病暂停发作，那该有多好啊！科学家还希望，这项研究将来能使宇航员在长途太空旅行中的生存能力得到进一步提高！

水熊虫宇航员

2021 年 6 月, 几只水熊虫成了宇航员! 美国国家航空航天局向国际空间站发射了一些水熊虫。它们被安置在空间站内的一个实验室里, 科学家通过远程研究, 来找出它们的生存秘诀。然而, 这并不是水熊虫首次进入外太空。2007 年, 3000 只水熊虫被"绑"在火箭外待了整整 12 天! 返程后几乎三分之二的水熊虫都幸存了下来。

水熊虫"移民"月球了?

晚上出去时, 抬头看看月亮——水熊虫也许正看着你呢! 2019 年 4 月, 由于计算错误, 以色列一艘载有水熊虫的航天器执行特殊任务时在月球表面坠毁。科学家认为水熊虫很可能通过脱水和干燥活了下来, 可惜不能及时对其实施救援。人类希望在月球上留下地球的"备份", 水熊虫因其顽强的生命力而被选中。备份还包含一个信息库, 为防人类灭绝, 外星人也能访问! 除了用树脂保护的水熊虫, 其中还包括一些网站的内容、各类名著, 甚至人类血液样本。

蜱虫

蜱虫非常喜欢血，除了血之外什么都不吃。蜱虫吸动物血时，会在动物的皮肤上切个小口，把吸管形状的特殊口器插进去吸血。蜱虫大概是最令人讨厌的节肢动物之一！

蜱虫，你就会占便宜！

蜱虫也是寄生虫，整天生活在宿主的体表或体内，形成寄生关系。"宿主"这个词很奇怪，因为它一点也不欢迎它的客人！宿主的体形通常比寄生虫大，而寄生虫会一直赖在宿主身上不走，因为在这里吃住不愁，但宿主并没有得到什么好处。蜱虫吸食宿主的血液，会对宿主的皮肤造成损害，有时还会传播疾病。全世界大约有 800 种蜱虫，其中 16 种蜱虫将人类作为它们寄生对象的首选！哺乳动物是一种有脊骨、温血、能生下幼崽的动物，而人类就是一种特殊的哺乳动物。蜱虫还以狗、猫、牛、鹿、蝙蝠、熊，甚至鸟类、爬行动物和两栖动物为宿主。

这样寻找宿主

蜱虫没有翅膀，不能飞；也没有强壮的腿，跳不起来。但它会爬到植物，比如草叶上。然后它前腿举在空中，期待宿主的到来。当动物掠过这里时，蜱虫会用它带刺的腿把自己钩挂在宿主身上。

蜱虫可以感知我们呼出的二氧化碳，以及我们的体味、体温和走路的动静。它如果感觉到宿主在附近，就会保持高度警惕。一旦安全地寄宿在宿主身上，它就会找到一块娇嫩的皮肤，静静地享受美餐。许多蜱虫是在人类露营或进行丛林散步时找到自己的宿主的。

体貌特征

* 头部很小，身体呈椭圆形
* 头部附近有两只小的感应"手臂"
* 8 条带爪的腿
* 用下颚切开皮肤
* 有倒刺的吸食管，以血液为食

伪装高明的蜱虫

科莫多巨蜥是生活在印度尼西亚的巨蜥，重达150千克，身长2.6米。它最擅长捕猎鹿、猪，甚至水牛等。然而有一种叫科莫多盲花蜱的蜱虫，一点儿也不怕它，还在它身上安了家。这种蜱虫的形状和颜色就像科莫多巨蜥的鳞片，凭借高明的伪装，很容易混到宿主身上。

两只可怕的蜱虫！（埃玛）

不久前，我们迎来了新的家庭成员——可爱的小惠比特犬，名叫琼，又长又瘦，长着一身米白色的软毛，跑得像风一样快。我决定和琼进行一次冒险：沿着霍克斯伯里河划船，然后上岸到丛林漫步。掌舵真是太有趣了，我是船长，琼是我的副手。琼就喜欢兜风。我把船拉上岸，穿过茂密的灌木丛，爬上岩石顶。一天过去了，虽然累，却很充实。回到家时，我感觉右耳后面有点肿痛，不是平常的肿痛……我双腿开始抽搐！我的搭档玛克辛证实了我的怀疑：我身上有蜱虫。我把琼叫过来并仔细检查了一番，果然，它也有一只蜱虫，就在同一个地方！幸好玛克辛技术很好，顺手就去掉了这两只蜱虫。

希望你别注意到我！

贪吃鬼

一顿美餐过后，蜱虫肚子膨胀得特别大，能比之前重100倍！它能进食数天甚至数周。它吸到体内饱和时才会从宿主身上下来。

蜱虫在宿主身上吸血时，这样又小又瘦的身材不容易暴露。当宿主注意到身上不对劲时，这个小家伙早就吃饱，溜之大吉了！许多蜱虫需要一天左右才能吃饱，因此隐藏得深不深关乎蜱虫的生死。

有趣的事实

据估算，在地球上随机抽取10个物种，过半数都是寄生生物。

天生一副寄生的料

蜱虫以吸食其他动物的血为生，是完美的吸血动物。蜱虫很小，大个头的有一粒葵花籽那么大。它椭圆形的身体上顶着一个小脑袋。蜱虫是蛛形纲动物，长有 8 条腿，每条腿的末端都有一个小爪子，腿毛坚韧而多刺，可以紧紧抓住宿主。蜱虫有两个锋利的下颚，用来刺穿宿主的皮肤。在两颚之间是一根尖刺状的吸食管，用来吸血。在蜱虫准备进食时，它把吸食管插入动物体内。吸食管上有鱼钩似的倒刺，就像一个锚，使蜱虫牢牢固定在动物的皮肤里。

小心口水！

蜱虫吸血时会吐出一些唾液。唾液中含有一种化学物质，能减轻宿主被咬后的疼痛，还能阻止血液凝固，这样它就能继续无所顾忌地进食。有时唾液还会变成一种胶合剂，保证它的安全。唾液也可能含有危险的病原，传染给宿主。

你知道吗？

蜱虫的唾液也会对人类有益！在澳大利亚，每年有 5 万人中风。因为中风有时是由血凝块引起的，而蜱虫唾液有分解血凝块的作用，研究中风的医学科学家对此非常感兴趣，希望借此为中风患者研发一种新的药物。

病原携带体

被蜱虫叮咬了也不能忽视，蜱虫会通过其唾液将病原带到宿主体内。蜱虫可能是从之前吸食过的动物身上感染了这种病原。蜱虫是向人类传播疾病的第二大害虫，仅次于蚊子。

被蜱虫叮咬的远古木乃伊

最早的人类被蜱虫叮咬的一个例子就是冰人奥兹。5300年前，冰人奥兹死于欧洲阿尔卑斯山脉，被保存在冰中，直到1991年，一对德国夫妇徒步穿越该地区时，发现了他和他的毛皮长袍、帽子、匕首、箭和一个皮袋，还有他的食物：水果、蘑菇和啃过的骨头！科学家对他进行了X射线检查，发现他的背部嵌有一个箭头，认为他是被箭射中，因失血过多而死。科学家还发现，奥兹患有莱姆病。莱姆病是通过蜱虫叮咬传染给人类的。

弗兰纳里探秘志

幼蜱传染病（蒂姆）

灌木蜱也叫牛蜱，在澳大利亚很常见。如果你身上有了牛蜱，及时用镊子取走就行。但幼蜱就没这么容易了！蜱虫会产下数百个卵，幼蜱孵出后，就等宿主经过。一天，我路过一片草地，草漫过了小腿。几天后我的小腿上起了红疹。我以为是对植物过敏，但仔细一看，上面全是一些小蜱虫。然后我涂抹了杀虫药，过了好几天红疹才消失。

真想吃顿饱餐

如果不依赖宿主，成年蜱虫最多只能活两年。它吸完血后，身体就会膨胀得很大，而它的小腿和小脑瓜就显得更小了，走路都很困难！

如何呼吸？

蜱虫通过"呼吸孔"呼吸。它不需要一直呼吸，每小时只呼吸1~15次。因此它能在水下生存很久。

气候变化与蜱虫

许多蜱虫喜欢生活在温暖的环境中。全球温室效应使蜱虫的宜居地越来越多。那么，蜱虫就会将疾病传播给更多的人和地区。

我们在同一条生命线上

蜱虫对宿主非常挑剔，因为有些蜱虫只吃一种动物的血。有时这种宿主动物很难找到或濒临灭绝。如有些蜱虫只以非洲黑犀牛或非洲白犀牛的血为食，而非洲黑犀牛和非洲白犀牛已经濒临灭绝，以它们的血为食的蜱虫也濒临灭绝。当一种寄生虫和它的宿主一起灭绝时，这被称为共同灭绝。很多人都关心犀牛，但以它的血为食的蜱虫难道就不值得去关心吗？当然值得。因为许多科学家认为，蜱虫在自然界中扮演着重要的角色。某些鸟类以非洲犀牛身上的蜱虫为食。如果蜱虫消失了，这些鸟类可能也会灭绝。另外，蜱虫受到医学界的重视，因为蜱虫的唾液能减轻病人的疼痛和肿胀。

喜欢住在哪里？

蜱虫不在宿主身上时，就喜欢待在闷热潮湿的地方。假如没有水分，蜱虫就很容易脱水。蜱虫还喜欢住在茂密的灌木丛中，因为这里有很多植物可以爬上去，更方便寻找宿主。

孤星蜱

美洲花蜱

在美国东南部生活着一种不起眼的小蜱虫——孤星蜱。这是该地区叮咬人类及其宠物最常见的蜱虫，但孤星蜱最喜欢的宿主是野鹿和火鸡。雄蜱的身体边缘有一些白点或条纹。雌蜱的身体是棕色的，背上有一个银白色的斑点。雄蜱大约只有3毫米长，宿主很难察觉到它。雌蜱的进食时间比雄蜱长得多，因此雌蜱在进食之后身体会变得更大。

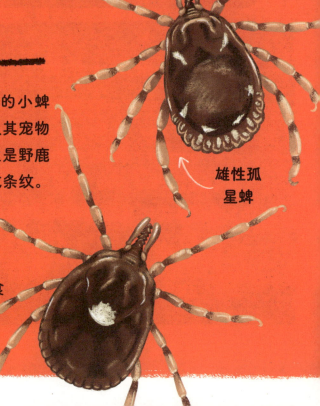

雄性孤星蜱

雌性孤星蜱

有趣的事实

雄性孤星蜱的数量是雌蜱的 4 倍。

什么味道？

雌性孤星蜱进食时，会发出一种特殊的气味来吸引附近的雄蜱。一旦进完食，雌蜱就准备交配了。交配后，雌蜱会产下多达 5000 个亮晶晶的棕色卵，并将它们安放在土中孵化。

好多的卵！

再也吃不了牛排了

三大宿主

随着孤星蜱年龄的增长，它最喜欢的食物也发生了变化。在孤星蜱的一生中，幼虫、若虫、成虫分别寄生于 3 个宿主身上。

有时被孤星蜱叮咬过的人会对红肉过敏，你说怪不怪！这些人在吃完牛排 3~6 小时后可能会出红疹，或嘴唇肿胀，而且无法治愈，患者终身不得吃红肉。对喜欢吃牛排的人来说，这就是毁灭性的打击！

澳大利亚瘫痪蜱

全环硬蜱

澳大利亚瘫痪蜱又叫全环硬蜱，它十分讨厌，能使宿主瘫痪，甚至还会导致宿主死亡。这种蜱虫在澳大利亚东部被发现，小小的身体呈皮革状，体长为3~5毫米。它对宿主并不挑剔，以袋鼠、负鼠、鸟类和蜥蜴等当地动物的血为食，也喜欢吸食农场动物和宠物，比如牛、马、狗、猫的血。在澳大利亚，每年大约有1万只宠物患上蜱瘫痪症，如果没有兽医的治疗，一只蜱虫就能杀死一只像拉布拉多这样的大狗。

有趣的事实

全环硬蜱的幼虫只有6条腿，成虫有8条。小蜱虫要喂养3次才能成年。通常只有雌蜱吸血。

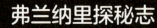

弗兰纳里探秘志

别惹我，小心让你瘫痪（蒂姆）

在距离澳大利亚东部海岸线20千米的范围内，你会遇到全环硬蜱。它也叫瘫痪蜱，是因为它可咬过的生物会瘫痪，包括狗和人类。我喜欢去海滩，总是睁大眼睛寻找这种蜱虫，尤其是周围出现了袋鼠和沙袋鼠后——蜱虫喜欢吸食它们的血。

有毒的唾液

全环硬蜱的唾液中充满了有害的毒素。全环硬蜱在美美地享受吸血时，宿主还不会马上感到不适。起初宿主只感到疲乏或走路有点歪斜，接下来就完全没了食欲，腿也动不了，其他部位也可能没有力气。最严重会导致宿主呼吸困难，最后死亡。所幸，医生通常能治愈这种病。

别怕！有药！

你被蜱虫叮咬后，医生就会将附着在你身上的蜱虫通过冷冻杀死。如果用镊子把活的蜱虫夹出来，它就会在叮咬处喷出更多的唾液，让症状恶化。待冷冻过的蜱虫被取出后，用一种叫作抗蜱毒素血清的药物可以缓解叮咬的不适感。

你知道吗？

世界上有 69 种蜱虫能导致宿主瘫痪，但并不是所有的蜱虫都吸人血。

人类与全环硬蜱

全环硬蜱也会吸人血。通常人类被它叮咬后最严重的反应也比较轻微，比如小小的红色肿块或发痒的红疹，但有时问题非常严重。蜱虫吸血后可以传染给人类疾病，引起发热、疼痛，甚至会导致死亡。1912 年，澳大利亚首次记录了人类死于蜱虫叮咬的案例。

蜱虫喜欢躲在隐蔽处，比如你的耳朵里、腋下，甚至腹股沟！全环硬蜱最喜欢躲在宿主的耳朵后面。

螨虫

欢迎来到奇妙的螨虫世界！地球上到处都是这种小动物，你能想到的地方：花园的土壤、黑暗的洞穴、海底、床垫的犄角旮旯，甚至你脸上的汗毛间等，都有它的踪迹。大多数螨虫比沙粒还要小，小到人眼都看不见，但最大的螨虫体长可达1厘米多。螨虫的一生仰人鼻息，毫无存在感。到外面看看，你会发现每只甲虫和每株植物上都至少有3只螨虫。此时此刻，你周围1米以内可能有1000只螨虫！

螨虫是蛛形纲动物，与骆驼蜘蛛和伪蝎是近亲。它长有8条腿，许多螨虫的身体呈梨形，上面覆盖着毛发。大多数螨虫没有眼睛，但螨虫身体前端有一对触肢，触觉和嗅觉都很灵敏，可以帮助螨虫感知周围的领域、寻找食物、攻击猎物或附着在生物身上。

体貌特征

✦ 通常有8条极小的腿
✦ 身体构造很简单
✦ 身体没有分段
✦ 大多数螨虫没有眼睛
✦ 嘴巴附近有触肢
✦ 长着一对口器

各有各的活法

螨虫的生存方式几乎和螨虫的种类一样多。有些螨虫只喜欢吃绿色植物。如果螨虫身后有小点，这说明它正在吃植物。有些螨虫是分解者，以腐败的植物或动物为食。而捕食性螨虫以比它小的动物为食。寄生螨如梦魇般挥之不去，它寄生在其他动物身上，以宿主身上的皮屑为食。

最古老的螨虫

约2.3亿年前，两只螨虫正在一棵树（位于现在的意大利）上进食，这时一滴厚厚的树脂突然滴落，把螨虫全身盖住，后来变成了树琥珀，保存了数百万年，就像一个时空胶囊。这两只螨虫是人类发现的最古老的螨虫。

袋狸身上的螨虫（蒂姆）

袋狸是一种有袋动物，和兔子一般大，以昆虫、种子和水果为食，生活在新几内亚的雨林中。那里虽然物种丰富，袋狸却备受螨虫的困扰。在它的育儿袋和后背，螨虫密密麻麻，形成亮红色斑块。人类对螨虫也不胜其烦。一天，我洗衣服时，发现自己的脚踝上粘着鲜红的小螨虫。它从袋狸身上转移到我身上了！

你知道吗？

人类曾发现一种非常小的螨虫，它只有 83 微米长，还不到人类头发直径的三分之一呢！

螨虫也分益虫、害虫和寄生虫

人类与螨虫关系复杂。有些螨虫整天在庄稼和花园里吸食植物的汁液，损害作物；有些螨虫生活在我们家里的灰尘中，吃我们的皮屑；有些尘螨的便便会引发过敏和哮喘；还有的寄居在我们的储藏室，糟蹋食物，这一直是食物包装厂的工人头疼的问题。而有些螨虫对人类是有益的——落叶层或腐败的原木下的螨虫可以恢复土壤养分；有些螨虫甚至与人类为伍，为人类服务！农民经常将捕食性螨虫引入农作物中，用来捕捉以水果和蔬菜为食的小害虫。日常生活中，螨虫无处不在。成千上万的螨虫会在晚上狼吞虎咽地吃你脸上的油脂。但有些螨虫可是来者不善，那就是寄生螨，它们几乎以所有的生物为宿主，有的寄生螨只生活在宠物狗的鼻孔里！人类和许多动物的皮肤里也有，这些螨虫会钻进宿主毛孔觅食，使宿主浑身生起又红又痒的疙瘩，非常难受。

恙虫病
（丛林斑疹伤寒）（蒂姆）

恙虫病是一种可怕的疾病，是由恙螨（幼螨）的叮咬引起的。我只得过一次，后怕得不得了。当时我在新几内亚岛塞皮克河上游的一个长满草的高垄上，沉浸在美不胜收的景色中，完全没有感觉到腿上出现了几处红肿，后来我才知道那是恙螨叮咬的。恙螨尤其喜欢居住在这种草丛里。它叮咬约两周后人才能感到不适，而那时我已离开那里，在新的地方恙虫病并不常见。多亏了一位细心的护士大姐看出了我身上的咬痕不一般。我去了医院，几周后我的病情才有了好转。

小小巨无霸

如果地球上所有生物的体形都一样大，哪一个会是最强壮的？不是大象、驮马（又叫挽马）和灰熊，而是甲螨！长毛原甲螨是目前人类知道的按体重比例计算力气最大的动物。它生活在北美洲和南美洲的森林土壤中，仅重 100 微克，大约和你的两根睫毛一样重。2007 年，科学家让长毛原甲螨进行类似举重比赛的测试。结果发现，它能举起比自身重约 1180 倍的东西，好比一只小老鼠举起一个 8 岁的孩子！它还能用小爪子拉动比自身重 540 倍的东西，多么强大的小小巨无霸啊！

你知道吗？

2013 年，科学家在日本发现了一种杜克螨，即日本杜克螨。杜克螨又叫孔雀螨，它椭圆形的身体覆盖着错综复杂的皮瓣，长长的鞭状尾巴用于防御和旅行。这种螨虫在茶树上安家，乘着茶叶在世界各地旅游。人们喝早茶时，有可能不知不觉就喝到它了！另一种美丽的螨虫是来自巴西的棘龙细须螨，它有一个光彩夺目的背鳍状突起，因其与棘龙波浪形的背鳍相似而得名。科学家认为棘龙细须螨可以借助背鳍状突起调节体温。

益虫也会 坏事

20世纪70年代，野玫瑰在美国的大片土地肆虐，占领了很多农田。于是许多农民将果叶刺瘿螨释放到农田。这种螨虫喜欢以玫瑰为食，它携带的病毒也能害死玫瑰，这样能控制野玫瑰的数量。但智者千虑，必有一失，人们花园里所有漂亮的观赏玫瑰以及农场种植的经济作物玫瑰都遭到了攻击。这真是一场大灾难！由于这种螨虫藏在花朵下面，所以很难将其消除。

当用一种动物或植物来控制一种害虫时，我们就称它为生物控制剂。因为使用它可能会意外带来负面效果，所以我们使用时应该非常小心。

一张螨虫被冰冻的照片

有些螨虫非常小，我们需要使用特殊的设备来观察它。比如低温电子显微镜。科学家用液氮将螨虫冷冻起来，液氮温度低至−196℃。出乎意料的是，显微镜能拍摄到瞬间被冰冻的螨虫的高清照片。

研究我吧！

一个怪异而奇妙的螨虫世界正等待着人们去发现。科学家估计螨虫有100万种，但大多数还没有被正式命名。有关螨虫的研究非常少，可能是因为螨虫太小，大多数人都忽略了它的存在。螨虫很有意思，有的美得令人难以置信，有的长相独特，关于螨虫还有很多东西需要发现。

你会成为下一个研究螨虫的专家吗？

速度最快的螨虫

螨虫在动物王国赢得的世界纪录大奖超乎我们的想象。世界上速度最快的动物不是猎豹，而是一种螨虫！猎豹能以每秒16个身长的速度奔跑，但美国加利福尼亚州特有的一种螨虫的跑速可达每秒322个身长。人如果跑这么快，时速将达到2000千米，并且足以在两小时内横穿整个澳大利亚！目前科学家不确定这种螨虫吃什么，但认为它的猎物奔跑速度也一定很快。

马达加斯加发声蟑螂螨

有时一对貌似不相干的动物之间也能有"交情"。有一种螨虫是马达加斯加发声蟑螂身边一生的密友。这些螨虫就生活在马达加斯加岛的茂密雨林中。只要选定了一只马达加斯加发声蟑螂，它们就会在这只蟑螂身上度过一生，因为彼此都能从中受益。

你们帮我清理霉菌，我请你们免费吃住

这种螨虫并不是寄生虫，因为它们不会伤害蟑螂，反而还为蟑螂提供一些服务，包括清除蟑螂身上的霉菌。螨虫并不以霉菌为食，而是通过吃积聚在蟑螂身上的污物来阻止霉菌生长。作为回报，蟑螂自然给小螨虫提供免费吃住了！

特殊的宠物，微妙的相处

棕色的马达加斯加发声蟑螂浑身发亮，个头很大，有近8厘米长，这相当于一个成年人手掌的宽度。这种蟑螂可爱、友好而温顺，是全世界最受欢迎的宠物之一，它还喜欢啃食狗粮和水果。有些宠物主人对蟑螂身上的霉菌过敏，而螨虫能解决这个问题。

你知道吗？

如果在一种关系中，两种生物都从中受益，人们则将其称为互利共生关系。

雄性发声蟑螂用自己的犄角争斗时，会发出巨大的咝咝声，让对方明白谁才是强者，因此得名。

人脸上的螨虫

毛囊蠕形螨与皮脂蠕形螨

如果放在显微镜下，你会看到有一群仅有 0.4 毫米长的螨虫正在你皮肤上的毛发之间快乐地攀爬呢！地球上几乎所有的人脸上都有螨虫。但不要惊慌，它们不是来伤害你的，只是想在脸上寻找食物！毛囊蠕形螨与皮脂蠕形螨跟大多数螨虫都不像，它们的形状很适合在人的脸上生活。它们修长的身体很像鼻涕虫，在脸部附近有一个小爪子，能牢牢附在我们的皮肤上。它们都有 8 条腿，走起路来特别笨重。它们的生命周期只有几周，在人的脸部汗毛根处栖息。这是一个重要的地方，因为我们的脸部油脂都是在这里产生的，而它们正是以此为食。它们还在这里交配和产卵。更烦人的是，这些家伙没有肛门！死亡时，它们会把所有积聚的便便一股脑儿都排泄到你的毛孔中！

名字有什么含义？

蠕形螨的属名 *Demodex* 意思大致是"钻进脂肪的寄生虫"！

惊喜啊！

呜呼！

1841 年，德国一位皮肤专科医生古斯塔夫·西蒙在用显微镜观察皮肤的脓疙瘩时，注意到一个头和几条腿从毛囊里探了出来。没错，是螨虫。当时他肯定大吃一惊！

夜间的生活

一到晚上，人们脸上的螨虫就开始活跃起来。这些螨虫更享受在安静的环境中觅食，但速度比蜗牛还慢。需要一天多的时间才能爬完你整张脸。

螨虫也"偏心"！

偶尔会有些人因脸上的螨虫数量分布不均，而导致皮肤问题，如我们常说的酒糟鼻。不过不要怕，医生可以治疗这类皮肤问题。

你离不开我

我们是螨虫的避风港。螨虫一旦离开了舒适且安全的脸蛋，就会慢慢变干直至死亡。

谢谢你，妈妈

婴儿脸蛋上的螨虫是在被父母拥抱时传染的。随着时间的推移，螨虫大量繁殖。你祖父母身上的螨虫可比你多得多！

你知道吗？

科学家估计，平均每人身上有150万~250万只螨虫。

二斑叶螨

二斑叶螨生活在由几千个个体组成的群体中。它不挑剔，喜欢吃绿色植物！特别是花园里最漂亮又最美味的黄瓜、草莓、西红柿和玫瑰等。它生活在最佳的隐蔽场所：叶子的背面。它的嘴又尖又长，能吸食叶子上的汁液。开始进食时，它会在叶子上留下像胡椒粉一样的微小痕迹，慢慢地，这些痕迹会扩展成大洞，然后其藏身之处就很容易暴露了。二斑叶螨体长不足 1 毫米，身体时而呈橙红色，时而呈绿黄色，很漂亮。它喜欢温暖和干燥的环境，遍布世界各地。

农民朋友圈里的黑名单！

叶螨会给农作物造成巨大损失，这一直是农民头疼的问题。叶螨还携带病毒，在植物之间传播疾病。

世界上最细的丝

除了叶螨（俗称红蜘蛛），大部分螨虫都不产丝。叶螨用丝织成网来保护自己和产的卵。它的丝可比蛛丝细多了，是世界上最细的！直径大约只有 40～60 纳米。一纳米是十亿分之一米！

万事俱备，只欠"东风"

当一株植物上的螨虫过度拥挤时，螨虫别无选择，只能搬新家。但一只小螨虫如何搬迁呢？当然是靠朋友啦！某只螨虫会爬到植物最顶端去制造一个小丝球。它会沿着植物茎秆向下铺设一条丝线，鼓励其他螨虫上来，齐心协力制作大丝球。然后这些螨虫藏在丝球里，等着一阵风的到来。当风吹起丝球，螨虫便在空中飞行，希望能落在一种美味的植物上。有时，还没有搬完家，很多螨虫生命就结束了，只有最后爬进丝球的螨虫坚持到了最后。

明年夏天不见不散

二斑叶螨到了冬天会冬眠，要睡很长很长很长一段时间。

植物一点都不"木"

在你看来，植物也许有点"木"，但植物不容小觑！植食动物想吃叶子，植物有的是法子来对付。许多植物叶子上长满尖刺或叶子特别硬，很难嚼动。植物还可以释放难闻的化学物质来驱离植食动物。有的化学物质含有毒素，会让植食动物难受。叶螨很特别，它能抵抗植物的这些化学物质，因此它才能肆无忌惮地埋头"干饭"，损害植物。

无爪螨

很庆幸我不是无爪螨！在中东发现的这种螨虫，生命周期是所有生物中最离奇的。

别看它只能活短短的 4 天，它却能做很多事情。比如，雌螨在出生时就已经受孕了，体内有多达 10 个受精卵。困惑了吗？多年来，科学家也很困惑！

小无爪螨在妈妈体内就已经孵出来了！其中，只有一个是雄性的，其余都是雌性。雄螨在母体内给其他的雌螨授精。遗憾的是，母螨不能活着看到自己的孩子。4 天后，受孕的雌螨一点点地吸食母体的组织，最后从被吃成空壳的母螨的尸体上钻个洞爬出来。雄螨常常未出母体就已经死亡，而雌螨又开始了 4 天的新生活。

"噬母"

当一个小动物吃自己母亲时，就叫"噬母"现象。

那个卵是我的唯一！

在生命的第一天，雌性无爪螨会感到饥饿，然后找蓟马的卵吃。每只受孕的雌螨一生就吃一个蓟马卵。

为什么生活会这样怪异呢？

科学家认为，可能是因为可食用资源有限，每只无爪螨只靠一个蓟马卵为生。小动物寻找配偶已经很累了，如果再只靠一个卵活着，那就更难了。母螨在体内给未出生的孩子提供一个配偶，也省得孩子再费力去找了，这样也能保护孩子免受天敌的伤害。

191

猴板栗龙螨

猴板栗龙螨是最古老的螨类之一，其祖先可能与恐龙共存。不过，这种温和的螨虫长度不到1毫米，恐龙不太可能注意到它的存在！它生活在土壤中的土粒之间，利用其头部和身体上的许多刚毛摸索前进。它的外观和动作有点像蠕虫：爬得很慢，肌肉慢慢收缩和放松，像小手风琴一样。它的全身罩满了一层层的小板块，就像穿着一套西方中世纪骑士的盔甲。

你知道吗？

目前科学家还没有发现过猴板栗龙螨的雄螨。雌螨不需要与雄螨交配就能产卵，这叫作"单性生殖"。

名字有什么含义？

猴板栗龙螨的学名是 *Osperalycus tenerphagus*。*Osperalycus* 意为"噘嘴"，*tenerphagus* 意为"温柔的进食者"。

与世无争

非诚
勿扰

私人住宅

在美国俄亥俄州立大学工作的科学家塞缪尔·博尔顿走过校园的一块闲置地时，对那里的小动物产生了好奇。他就收集了一些样本带到实验室，结果发现了猴板栗龙螨。

奇形怪状的嘴巴

猴板栗龙螨的嘴巴很奇怪，下唇像是伸出来了一根"棍子"，棍子上有个像口袋的组织。它慢慢蠕动时，就用它小短腿上的毛将食物拢入这个口袋。它最喜欢肥美多汁的小虫子，因此它必须加倍小心地把这些美味弄到自己的嘴边，一个也不落下。它把嘴巴填满后，就用嘴里的小钳子把虫子刺破。一旦虫子都变成液体，它就用食管上的吸管把浆液吸进肚子里。

与世无争的螨虫

猴板栗龙螨喜欢把自己藏起来。它把家安在贫瘠的土壤中，避免天敌和小动物来这里争夺食物。而大多数动物喜欢肥沃的土壤，因为在那里更容易找到吃的。

鼻螨（吸螨）

鼻螨长着长长的鼻子，丰满的身体呈橙色，虽然模样很可爱，却是个出手老辣的掠食者！鼻螨是大螨虫，长约 3 毫米，用肉眼就能看到。它那可爱的长鼻子是一种特殊的杀戮工具，能刺穿猎物身体。它捕食小蠕虫、其他螨虫等，鼻螨一旦刺中猎物，就会把它的内脏吸干。鼻螨遍布世界各地，在土壤中，在树叶中，甚至在深洞里都能找到。如果你想看到这些小家伙，就去海滩、浮木和岩石旁吧。

以螨治螨

一些农场利用鼻螨来帮助减少害虫数量。鼻螨捕食对庄稼和牧场造成很大破坏的小绿圆跳虫。鼻螨也能控制叶螨的数量。如果有小虫子正在糟蹋你家花园，令你备受苦恼，请记得利用捕食性螨虫帮忙哦！

哇！

安全的"保险丝"

不要招惹鼻螨，否则你可能会被它的丝缠住！和叶螨一样，鼻螨有吐丝的特殊能力。它吐的丝和唾液都是出自同一部位。狩猎时，鼻螨喷出丝缠住猎物，牵制住它。

如果有天敌进犯，鼻螨也会吐丝，它能顺着这条安全线跳下去逃生，还能用丝搭建一个安全的小屋。对鼻螨来说，安全很重要，尤其是在蜕皮期间。

最早发现鼻螨是在什么时候？

1758 年，在科学家最早发现的螨虫中就有鼻螨。

圆果大赤螨

鼻螨是一种捕食螨，目前已知的捕食螨超过 2400 种，而且可能还有更多有待发现。比如圆果大赤螨，它常在树叶上快速移动，像陀螺似的跑圈圈，寻找猎物。

蛛网丽赤螨

并不是所有的螨虫都能本分地生活，有些螨虫就会吃白食。2017 年，在巴西一个洞穴中发现了蛛网丽赤螨，这些螨虫在蛛网上安家。它们耐心地等着蜘蛛抓到一只肥美的昆虫，然后偷一点吃！敢从蜘蛛那里偷食物，这个游戏似乎玩大了，但蜘蛛并不会太在意。因为螨虫体形很小，只有蜘蛛体形的 3%，蜘蛛抓不到也吃不着。此外，它们偷吃的食物量非常少，可能蜘蛛都注意不到。蛛网丽赤螨独一无二，因为它们是目前唯一从蛛网上偷东西吃的螨虫。

吃白食也要高标准

蛛网丽赤螨不会碰蛛网上死亡或腐烂的猎物，而经常趁着蜘蛛正在吃饭时跳到猎物尸体上。就是吃白食，也要吃新鲜的！

嘿，别偷东西！

不仅螨虫从蛛网上偷东西，其他小动物也这样做，比如其他蜘蛛、昆虫，甚至蜂鸟。

疥螨

疥螨是一种长相怪异的小动物，身体圆胖，背部弯曲，腹部平坦，有点像乌龟。浑身长着参差不齐的毛，每条粗短的腿的末端都有一个爪子。体长0.5毫米，很难被发现，用肉眼看像个小黑点。它没有眼睛，也看不到你。但这种小螨虫却能造成大伤害，它根本不和你套近乎，而是直接钻进你的皮肤，以血液为食，然后产卵！疥螨是一种寄生虫，在人类以及狗、猫、牛和许多野生动物中引起疥疮病。

藏得很隐蔽！

疥螨喜欢在人体最隐蔽的部位挖洞，比如屁股、脚底、腹股沟、腋窝和肚脐。

宿主身上子子孙孙无穷尽！

雌性疥螨在宿主皮肤上自己挖的洞里能产下多达200个卵，大约3天后卵就孵化出来了。幼螨离开母亲巢穴后，在皮肤附近给自己挖小洞。再过一个星期，它们就会成年，生下自己的宝宝！

太痒了！

如果你身上有疥螨，那你一定会感到奇痒无比！当螨虫钻进皮肤时，瘙痒就变得强烈，晚上螨虫更活跃，瘙痒往往更严重。假如你对螨虫过敏，那螨虫"光顾"过的身体部位就会出现皮疹。

想抓我，没那么容易！

据统计，大多数疥疮患者身上也就只有 15 只疥螨，但有些人身上可能会有成千上万只，因为他患上了结痂疥疮。疥疮可以直接传播，也可以通过毯子和毛巾传播。疥螨离开人体也能存活几天，它不会跳也不会飞，只会慢慢地爬。如果你想要从别人身上抓一只疥螨，那么你必须在这个人附近待相当长的时间，让螨虫缓慢地爬到你身上！正因为如此，疥螨在家庭成员之间或非常拥挤的生活环境中传播更常见。如果你得了疥疮，不要怕，医生用一种特殊的药膏就能治愈。

有趣的事实

每年，全世界大约有 3 亿人患上疥疮。

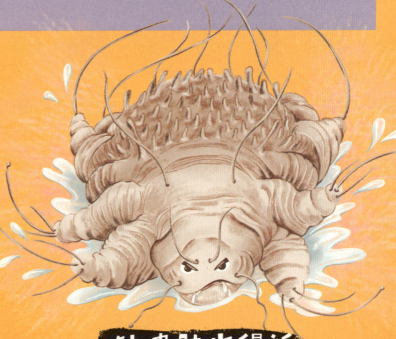

关于疥螨的最早画作

据说疥螨已经困扰人类 2500 多年了。这是从古埃及人画的疥疮感染者的画像中得知的。1687 年，意大利医师焦万·科西莫·博诺莫绘制了疥螨画像。这是关于疥螨的最早画作。

钻皮肤也得近两个钟头

疥螨通过感知宿主的体味和呼吸来寻找宿主。它一旦感觉到附近有动物，就会慢慢地朝这个动物的方向移动。当它爬到宿主的皮肤上时，会吐出大量的唾液，在自己周围形成一个唾液池。然后它沉浸在唾液池里，像乌龟游泳一样来回摆动腿。通过这种方式，一只疥螨大约需要 100 分钟才能钻入宿主的皮肤。

蜈蚣、蚰蜒和马陆

你可能觉得有两条腿就足够四处走动了。但有些动物有"数百条腿"！蜈蚣、蚰蜒和马陆都是节肢动物里名副其实的"腿精"。它们长得像蠕虫和昆虫的混合体，但并不属于这两者。它们属于多足亚门，蜈蚣和蚰蜒属于唇足纲*，马陆属于倍足纲。可实际上它们的腿最多也远不到10000条！已知的唇足纲动物有3000多种，倍足纲动物有7000多种。科学家估测，这些小动物还有数千种尚未命名，或者还没有被发现。或许，在不久的将来，发现世界上腿最多的动物的人就是你！

* 在唇足纲动物中，绝大多数是蜈蚣类，蚰蜒类只占一小部分。

有趣的事实

马陆是倍足纲动物的统称。其学名 Diplopoda 意思是"双足"，指马陆每个体节上都有两对腿。

体貌特征

- 身体长而分节
- 每个体节上都有成对的腿
- 外骨骼中长有辅助呼吸的气门或孔
- 视力弱
- 一对触角

想数一下我有多少条腿吗？

有什么相似之处?

蜈蚣、蚰蜒和马陆大多是独居动物，遍布世界各地。它们长长的身体由许多体节连接组成，每个体节都长着成对的有关节的腿。它们也有坚硬的外骨骼，外骨骼会通过蜕皮脱落重新长出来。许多蜈蚣、蚰蜒和马陆的幼崽出生时只有几对腿。随着成长和蜕皮，它们都会长出更多的体节，慢慢地自然能长出很多腿了！在外骨骼两侧还有一些叫呼吸孔的洞，它们靠这些洞呼吸。这些动物的视力都不太好，都依靠触觉和振动等感官来分辨事物，头上都有一对敏感的触角，可以用来探路、寻找食物。

如果你很难区分唇足纲（蜈蚣、蚰蜒）和倍足纲（马陆），这里有一些小技巧能帮到你。

身体特征

蜈蚣和蚰蜒的身体通常是扁平的，而马陆的身体更圆。如果这些马陆买鞋，得买蜈蚣鞋子的两倍多！这是因为马陆的每个体节都有两对腿，而蜈蚣和蚰蜒都只有一对。它们的腿的位置也不同。蜈蚣和蚰蜒的腿伸向身体两侧，而马陆的腿通常在身体下面整齐地向内收卷。仔细观察，还能区分成年马陆的雌雄，雄性马陆身体的第七节没有腿，但有精子传送器官。而马陆的近亲蜈蚣和蚰蜒的雄性和雌性很相似，很难区分。

行为特征

蜈蚣、蚰蜒与马陆的行为也截然不同。蜈蚣和蚰蜒更凶猛，跑得很快。它们是机会主义掠食者，只要是能吃的都不放过。它们用嘴附近的毒爪刺杀猎物，捕食蠕虫、昆虫、蜘蛛、老鼠、爬行动物，有时还捕食蝙蝠。

而马陆是植食动物，更含蓄些，常躲在黑暗潮湿的地方，比如烂木头下面。因为嘴很适合咀嚼树叶，马陆天天都守着腐烂植物吃。呀！它走路时身体像波浪一样起伏，而且触角不停地触碰地面，打探周围的情况。马陆有很多腿，但通常走得很慢，而挖掘速度倒是挺快！马陆在自然界中扮演着重要角色——伟大的清道夫。它挖掘时，会疏松土壤，使土壤里的营养成分均匀分布。

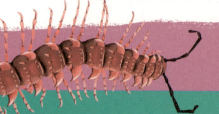

蜈蚣和蚰蜒也有天敌，如果受到威胁，它们就会挺身而起，好像在警告"走开"！如果这还不能吓跑天敌，它们就会用上毒爪。马陆似乎没有那么强，但受到威胁时也不会坐以待毙，它紧紧蜷缩成一团，保护好腹部，然后发出一种很难闻的气味！这不只是屁那么简单——它是一种有毒的物质，由很多令人咋舌的化学物质组成。有些马陆会释放一种含有盐酸和氰化物的臭味，能烧伤天敌，并使其窒息。还有些马陆的臭味非常致命，能一口气杀死 6 只老鼠，或者让一只靠近的鸡失明！如果天敌来袭，动物本身行动太慢，那么化学防御就尤为重要。还有些马陆不会化学防御，遇到危险时，它们背上会脱落有尖刺的毛发，这些毛发可以刺激敌人，牵制对方。

找出区别！

蜈蚣和蚰蜒	马陆
身体更扁平	圆柱状的身体
每个体节都长有一对腿	每个体节长有两对腿
30～382 条腿（大多数约有 30 条）	60～750 条腿（大多数约有 100 条）
腿在身体两侧	腿在身体下面
食肉动物	植食动物
用毒液使猎物麻痹	用有毒的物质或有尖刺的毛发防御

你知道吗？

蜈蚣和蚰蜒的腿的对数总是奇数。

远古异兽

过去，许多动物的个头都比现在的动物大。让我们回到 3 亿年前北美的森林。设想一下，你在树林中漫步时被绊倒，面前出现一个马陆怪物！古马陆是一种巨型节肢动物，宽 50 厘米，长 2.5 米，比一个成年人的身高都长。这家伙是已知的陆地上最大的无脊椎动物。它早在恐龙出现之前就存在了，因此几乎没有天敌。古马陆留下了许多足迹，通过研究这些足迹，我们知道这种巨型马陆能在地面上快速移动，避开路上的各种障碍物。

高端的工作

蜈蚣、蚰蜒和马陆在大自然中都扮演着重要角色。蜈蚣和蚰蜒控制着昆虫的数量，通常被称为"种群调节器"，因为太多的植食昆虫会使环境或农作物遭到严重破坏。马陆使土壤中的养分循环，确保土质肥沃，以便我们收获营养丰富的食物。

弗兰纳里探秘志

午夜被蜈蚣咬伤（蒂姆）

我 19 岁时，想骑摩托车环游澳大利亚。我和朋友从墨尔本出发，一路走到布鲁姆以南的维多利亚大沙漠时，遇到了大麻烦。我们通常在户外露营，我睡觉时总穿着一件帆布骑手服作为防护。一天晚上，天气很热，我只好躺在一张防潮布上，没穿防护服。夜里我感到左肩一阵剧痛，非常痛，但那个地方非常偏远，我也找不到最近的就医点。不过我还是拿起手电筒，寻找罪魁祸首。我以为会看到蝎子、蜘蛛，甚至蛇，没想到却是一条很普通的蜈蚣，我猜是它咬了我。第二天早上，疼痛减轻了很多，但我发现自己的左臂越来越不听使唤了。我没法骑摩托车，于是朋友让我坐在他的车后座上。那天下午，我们到布鲁姆时，我的左臂已经好了，我们吃饱睡足后就回去了。我重新骑上了摩托车。

小心 SSM 幽灵毒素

中国的金头蜈蚣不到 30 秒就能杀死一只体重是自己 15 倍多的老鼠。科学家认为，这是一项有毒生物中的纪录！蜈蚣是如何做到这一点的呢？它靠的是"SSM 幽灵毒素"。这种毒素非常可怕，短时间内会同时影响人体心脏、肺、肌肉和大脑，这是唯一已知有这种毒效的毒素。

有效的自我回收

马陆蜕皮后，会吃掉死皮补充一点营养。听起来可能很恶心，但这是一种有效的自我回收！

时刻想着给自己留后路

人类被蜈蚣、蚰蜒毒死的情况很少见，没必要过度担心。据记载，这种死亡案例只有 3 例。但被它咬一口会很难受。有一个人在美国密苏里州爬山时，被一条 15 厘米长、大约香肠大小的巨型红色蜈蚣咬伤。幸亏他及时抓住一根枝条，爬到了一块岩石上。他说，手被咬伤后立刻肿了起来，感觉就像被熨斗烫伤一样。到了晚上，他的手臂也肿了，手肘肿得和脸一样大！他非常痛苦，在医院住了 3 天才完全康复。因此，在丛林漫步时，注意周围可以够得着的树枝藤条，时刻想着给自己留后路才是明智的。

为什么肤色那么鲜艳？

有些蜈蚣、蚰蜒和马陆的颜色很普通，比如深黄色、棕色或黑色。但也有令人眼花缭乱的！由黄色、橙色、红色、粉色和蓝色组成。这副"雍容华贵"的打扮仿佛在对来犯的天敌说"退后"。掠食者如果没有领会，估计之后后悔都来不及了。被大型蜈蚣咬伤后非常痛，它们的毒液很强大，能杀死老鼠和蜥蜴。另外，别惹马陆，否则它会熏你一脸致命的臭气！这就是动物学中的警戒态，指一种生物用体色来宣告猎食它很危险。

多足动物可以入药

动物的致命毒液和毒素是医学研究的丰富资源。慢性疼痛在身体好转后不会完全消失，有种蜈蚣分泌的毒液能治疗这种疼痛。多种马陆的毒液中充满了目前科学难以分析的成分，而且用途非常广，比如制成防晒霜或药物。

与人类的关系

蜈蚣、蚰蜒和马陆对人类一般是没有威胁的，通常不会主动攻击我们，也不会传播疾病，更不会吃我们。有时蜈蚣和蚰蜒受惊吓时会咬你一下，有点痛；马陆会散发出一股很臭的气味！

但它们当中也有对人类有害的。一个动物物种被引入到其原生栖息地以外的地区时，有可能变成入侵物种。入侵物种在引入地如果没有天敌，其数量就会激增。例如葡萄牙千足虫能够对澳大利亚常见的农作物构成危害。它们数量之多，一起蠕动起来，一眼望去，地面似乎都在移动！

亚马孙巨型蜈蚣

秘鲁巨人蜈蚣

南美洲的亚马孙雨林充满了各种神奇的生命。你会发现这里有地球上物种最多的植物和一些最不寻常的动物，如巨嘴鸟、树懒和森蚺。巨嘴鸟是一种以水果为食的鸟，彩虹色的喙和身体一样大。树懒是一种行动迟缓的哺乳动物，手臂有爪，能倒挂在树上。而森蚺是地球上最重的蛇！在这里，你还会发现秘鲁巨人蜈蚣。这些蜈蚣身体粗壮、肌肉发达，橙黑色相间的身体长达 35 厘米，比一般人的前臂还要长，是世界上最大的蜈蚣！

你知道吗？

在巴西，被动物咬伤中毒而去看医生的人中，有 5% 就是被蜈蚣咬伤的。

蜈蚣离人类很近

圭亚那巨人蜈蚣是秘鲁巨人蜈蚣的近亲，是南美洲巴西最常见的蜈蚣。这种蜈蚣并非都生活在森林里，有的也喜欢栖息在人类建筑物周围。

蜈蚣
猎食蝙蝠

秘鲁巨人蜈蚣口味很独特——它喜欢吃蝙蝠！如果晚餐想吃蝙蝠，会去哪里？当然是进山洞了！巨大的蜈蚣在黑暗的洞穴里用触角探路，攀爬岩壁，靠近蝙蝠的栖息地。一旦爬到最佳位置，它就用很壮的后腿上的利爪牢牢固定住身体，倒挂着，准备捕猎周围的蝙蝠。蜈蚣很狡猾，猎食方法不止一种。它能用悬挂的身体抓住飞行中的蝙蝠，或者出其不意地袭击栖息的蝙蝠！一旦得手，它就会用毒液让蝙蝠的心脏停止跳动，杀死蝙蝠。蝙蝠对蜈蚣来说非常有营养，有时蝙蝠太大了，蜈蚣要花一个多小时才能吃光它的肉。不用说，秘鲁巨人蜈蚣是世界上最凶猛的蜈蚣之一。

抗菌的蜈蚣！

秘鲁巨人蜈蚣的身体有特殊的抗菌能力！早在科学家发现这一点之前，这种动物就已经在当地传统医学中入药，造福当地人了。

虎蜈蚣

沙漠虎蜈蚣 ————————

　　并非所有的蜈蚣都生活在潮湿的森林环境中，有些蜈蚣生活在最干燥的沙漠中。虎蜈蚣最长可达 18 厘米，常出没于北美的沙漠地带。体色橙黑相间，背部有条纹，看起来就像老虎身上的斑纹。它在白天避热乘凉，夜晚出来觅食。它以昆虫、老鼠和爬行动物为食。它长得皮糙肉厚，能适应冬季极寒的沙漠天气，然而容易脱水。在最干燥的夏季，它会把自己深深地埋在地下，等待雨水的到来。

当心北美巨人蜈蚣！

　　虎蜈蚣与北美巨人蜈蚣共享同一栖息地。北美巨人蜈蚣可长达 20 厘米，是北美体形最大的蜈蚣。面对这个大家伙，人们可得小心了！这种蜈蚣攻击性很强，而且如果让它的尖爪划破皮肤，毒液就会顺着伤口渗入体内，从而引起感染。它是北美洲极其危险的蜈蚣之一，偶尔会攻击人类。

你知道吗？

　　虎蜈蚣的种名 *polymorpha* 意为"多种形态"，指虎蜈蚣能呈现出几种不同样式的花纹。

成长需要妈妈呵护！

雌性虎蜈蚣产下卵后，会紧紧盘绕在卵周围，精心呵护，为孵化做好准备。它还不断地舔舐卵来保持清洁。于是这些脆弱的小卵得从顺利孵化。

废几条腿，为了活命

你知道吗？蜈蚣腿的数量在其一生中会发生变化。一些蜈蚣每次蜕皮时都会长出新腿，因此蜈蚣个头越大，腿就越多。但巨型沙漠蜈蚣很不寻常，它们出生时就已经长齐了所有的腿，因而不会再长出新的。大多数蜈蚣在蜕皮后仍具有再生腿的能力。有时一只蜈蚣陷入危险中，比如被困在了天敌的口中，这时，它能废掉自己的几条腿，成功脱离危险。

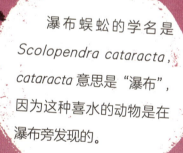

美容沙龙

瀑布蜈蚣

名字有什么含义？

瀑布蜈蚣的学名是 *Scolopendra cataracta*，*cataracta* 意思是"瀑布"，因为这种喜水的动物是在瀑布旁发现的。

最优秀的科学家总是在不经意间发现奇迹！2001 年，一位来自伦敦自然历史博物馆的科学家在泰国度假。有一次他在户外好奇地翻着岩石，看看能发现什么，结果意外发现了一只奇特的蜈蚣。随后，这只蜈蚣迅速地爬走，跳进了附近的溪流。这是一种新发现的水陆两栖蜈蚣。

重要发现 不能白白错过！

大多数蜈蚣都不喜欢沾水，但这种两栖蜈蚣跳进水里游得就像一条鳗鱼。那位度假的科学家很清楚这是个重要发现，不想白白错过，便跳入水中捉到它，然后把它放进容器里，安全地带回了博物馆。

— 水中猎手 —

科学家认为，瀑布蜈蚣夜间在溪流中捕猎，但不确定它吃什么。它可能是唯一已知的以水中生物为食的蜈蚣。

想要出"名"太难了！

回到博物馆后，这位科学家将他度假时的发现分享给了一位同事。这位同事是研究蜈蚣的专家，但他根本不相信真有水陆两栖的蜈蚣，因此这个发现被忽视了好多年。直到多年后另一位科学家发现了同样的物种，才将其命名为瀑布蜈蚣。更有趣的是，博物馆早在1928年就收集到了一只瀑布蜈蚣！但当时这只瀑布蜈蚣被鉴定为一种普通蜈蚣。

地中海蚰蜒

地中海蚰蜒长相很奇特，它有 15 对像羽毛似的纤细的腿，越靠近身体末端腿越长。它走路的样子很好看，所有的腿一起协同运动。它的身体是黄褐色的，中间有条纹，通常体长只有约 4 厘米长，可以被轻易地放在手心里。它的头部有一对纤细的触角，比身体还要长。

头和屁股分不清

很庆幸人类不像蚰蜒似的，头和屁股长得很像！蚰蜒不动的时候，很难区分头和屁股。如果你仔细观察，就会注意到它的最后一对腿上长满了毛发，就像真触角一样。掠食者见了蚰蜒也很迷惑，不知道该攻击它的哪一端！

爱干净的好习惯

许多唇足纲动物，包括蜈蚣和蚰蜒，会用毒爪非常细致地清洁、梳理自己的腿，通常会从前面的腿开始一直清理到后面。

喜欢潮湿的厕所

蚰蜒最喜欢待在厕所，并不是因为这些小家伙总是拉肚子，只是它喜欢那里潮湿的环境。

蚰蜒也是人类朋友

蚰蜒原生于欧洲，现已遍布于世界各地的居民住房中。它喜欢在夜间沿着墙壁上下攀爬，猎食昆虫，也叫"墙蹄子"。它用前腿抓住猎物后，会用爪子注入毒液。一旦猎物不动弹了，它就将其撕成碎片，并先吃掉最软的部位。许多人不喜欢蚰蜒，但这些小动物最擅长掠食蟑螂和苍蝇等令人讨厌的虫子，让你的家居生活更整洁、舒适。

你知道吗？

蚰蜒的视力很发达。它们比大部分唇足纲动物看得更清楚。

牛仔范儿

蚰蜒有一种独特的捕猎技巧。它的腿尖分段非常多，能像绳子那样弯曲。它将这些腿绕在猎物身上，就像牛仔用套索控制动物一样，让猎物无法逃脱。它能轻松制服善于跳跃的猎物，比如蟋蟀。

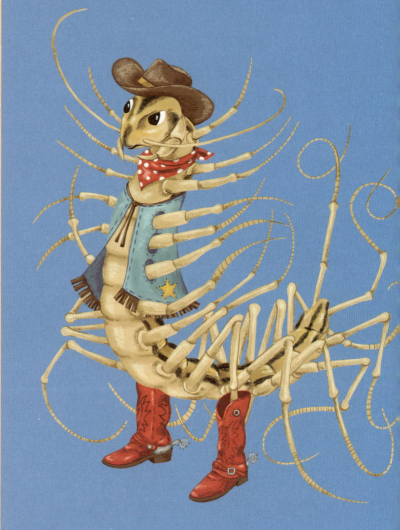

速度最快的唇足纲动物！

想要抓住蚰蜒可不容易，因为它很灵活。它能以每秒40厘米的速度奔跑，是地球上速度最快的唇足纲动物！

菲利普岛蜈蚣

　　在距离澳大利亚东部 1000 千米、隶属于诺福克岛的一座小岛上，生活着最可怕的节肢动物——菲利普岛蜈蚣。它长达 30 多厘米，晚上喜欢猎食肥美的幼鸟。菲利普岛上没有人居住，却是鸟类的乐园。这种蜈蚣的胃口极大，作为一个族群，它们每年大约会吞食 3700 只幼鸟！

投机取巧的饮食

　　菲利普岛蜈蚣不仅吃幼鸟，还吃蜥蜴和鱼！它不用自己下水捕鱼，只需要等着飞鸟抓到鱼后，鱼从鸟爪子里挣脱掉下来！

菲利普岛上的候鸟

　　许多鸟类飞往该岛繁殖，有些还从遥远的北半球飞来！在经过漫长的海上旅程后，它们准备组建一个幸福家庭。每个家庭都有一对父母和一只幼鸟。父母寻找食物来喂养宝宝，同时也时刻提防着猎食的蜈蚣。

晚上睡不安稳

菲利普岛的海鸟幼鸟每到晚上很少能睡个安稳觉，因为它们可能会遇到大蜈蚣。蜈蚣一旦发现鸟巢，就会爬进去，用身体缠住幼鸟，再用毒爪子刺进鸟身，把它当成夜宵吃掉。

恢复生态环境

近年来，人们发现菲利普岛蜈蚣曾是一种罕见的生物。在 20 世纪 80 年代，岛上只生活着几只小蜈蚣。当时环境很差，附近也没有太多的海鸟供它们捕食。相反，这里到处是外来入侵的野生兽类，对本地物种造成了破坏，以至于岛上一度没有绿色的灌木！为了恢复生态环境，人们赶走了外来物种。不久，本地动物陆续回归，包括成千上万的海鸟。菲利普岛蜈蚣种群也开始迅速繁殖。

有趣的事实

人类保护和维护自然环境，就是所谓的自然环保。

菲利普岛上的物种入侵

外来物种入侵指外来的物种由原产地通过自然或人为途径迁移到新的生态环境，并对当地生态环境造成严重破坏的现象。菲利普岛上有大量的野猪、山羊和兔子，可能是由人类引入的。野猪通过挖掘地面造成破坏，而山羊和兔子践踏并吃掉大量植物，破坏生态环境。

世界上腿最多的动物

亚克梅普尼佩斯和佩尔塞福涅千足虫

请欣赏一下地球上腿最多的动物，很养眼吧！这些打破世界纪录的马陆拥有长而细的身体，容易被误认为是根绳子。大多数马陆的腿都少于 100 条，但长达 3 厘米的亚克梅普尼佩斯有 750 条，而长达 10 厘米的佩尔塞福涅千足虫竟有 1306 条！

这两位是兄弟姐妹？

亚克梅普尼佩斯和佩尔塞福涅千足虫具有相似的体形：细长，有大触角，没眼睛。因为有这种体形容易在地下找到方向。当两个没有关联的生物因其生活方式而长相相似时，被称为趋同进化。

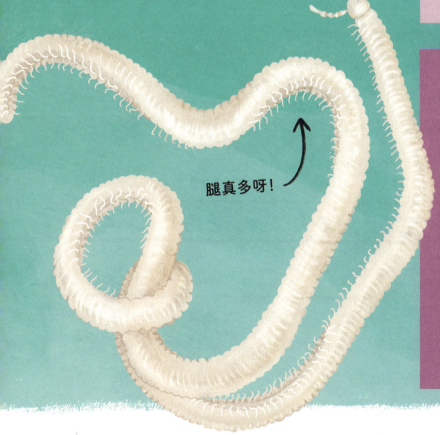

腿真多呀！

腿多，用处也多

马陆有这么多腿到底有什么用呢？答案是能帮马陆深入挖掘。腿越多，马陆挖得就越得心应手；在土里也更容易移动；同时，腿多也有利于马陆攀爬岩石。

神秘的产丝毛发

亚克梅普尼佩斯背部毛发能产丝，科学家并不完全确定其作用。有的认为丝能帮助马陆附着在岩石上，有的认为丝是用来防御天敌的。

地底世界的 "女神"

2021 年，在西澳大利亚州的一次金矿开采中，佩尔塞福涅千足虫的出现震撼了科学界。这个小家伙为何能藏这么久？因为它深藏在地面 60 米以下！科学家将这个新物种命名为佩尔塞福涅——希腊神话中的冥后。就像亚克梅普尼佩斯一样，它完全失明，但不用担心：黑暗的巢穴里没什么可看的，空间也很小。它在地下微小的裂缝中蠕动，众多的腿能附在周围的岩石上，让自己前进，而巨大的触角能感知方向。

从小到大一直在蜕皮

亚克梅普尼佩斯幼虫刚出生时只有 6 条腿，随着成长和蜕皮，会长出更多的体节和腿。它成年后在不同年龄会有不同数量的腿。那只发现的有 750 条腿的马陆可能经过多次蜕皮，已经好几岁了。

腼腆的小家伙

亚克梅普尼佩斯很害羞，最初是于 1926 年在美国加利福尼亚州的一个小地方被发现的，直到 2005 年又发现了另一只。它很稀有，很擅长躲避侦测，生活在约 15 厘米深的地下，喜欢紧贴在大岩石的下面。那里没有光，它没眼睛并不奇怪，而它用超大的触角在黑暗中摸索。身体长而灵活，腿短，非常适合在土壤中蠕动。

这是该物种的最后一个了

亚克梅普尼佩斯与现在大多数的马陆都不像，反倒更像数百万年前的古马陆。亚克梅普尼佩斯具有多种古老特征，如分节的形状和口部结构。这种生物很特殊，北美洲没有它的近亲。亚克梅普尼佩斯只在美国加利福尼亚州的 3 个总面积约为 4.5 平方千米的小区域内被发现。这大约相当于一个城市郊区大小，为了确保这种马陆不灭绝，保护这些区域对人类来说很重要。

羽毛马陆

大多数马陆在白天都是单独行动，但美丽的羽毛马陆不是这样。这些可爱的马陆喜欢成群结队生活，族群可多达 100 只。它的头部没有眼睛，宽大扁平的身体长达 4 厘米。它的身体两侧悬垂的很大的翅片叫侧背叶，占据了全身宽度的一半以上，让羽毛马陆看起来比实际更大。这可能会吓到那些只吃小猎物的捕食者。这些侧背叶还含有防御性黏液，可以保护羽毛马陆。

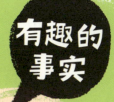

以真菌为食的动物，被称为食真菌动物。

名字有什么含义？

羽毛马陆的学名是 *Brachycybe lecontii*。*Brachycybe* 的意思是"羽毛"。

喜欢"烂"到家的家

这些羽毛马陆是社交马陆，生活在北美的森林中，通常在树皮下、烂木头上或树桩内可以发现它们的大家族，族群里分布着各个年龄层和大小的羽毛马陆。它们喜欢以腐木为家，因为那里有它们最喜欢吃的真菌。有时一大家子一起吃真菌时，所有羽毛马陆的头都会指向中心，排成星形图案。

防御性黏液

一只羽毛马陆感受到威胁时，会使用一种特殊的防御方法。它的侧背叶上的腺体会释放难闻的有毒的黏液，用于保护自身。这种黏液对防御习惯顺手偷窃羽毛马陆幼崽的蚂蚁来说尤其有效，蚂蚁非常讨厌这种黏液的气味。

培育真菌，鉴定饮食

科学家很难确定羞怯型动物喜欢吃什么，但能密切观察它在嚼什么，或者通过检查它的胃或粪便中的食物残渣来分析。研究羽毛马陆的科学家决定通过这种方法弄明白它吃哪些真菌。在小动物胃里鉴定真菌几乎是不可能的，但科学家使用"培养"的方法，取出小样品，在实验室中培育出更多的样本，这样就更容易鉴定。最终发现，这些马陆吃的真菌超过 176 种！

禁止入内

谢谢你，爸爸！

在羽毛马陆社群中，爸爸负责照顾卵直到其孵化。它把身体盘绕在卵周围。如果有天敌或人类来干扰，它就尽最大努力紧紧缠绕着卵来保护好孩子。马陆的爸爸很少会抛弃卵。它如果看到一窝没人要的卵，就会把它们收集起来，和自己的卵放到一起看护。

在黑暗中发光的马陆
荧光马陆

地球上成千上万的马陆中，只有 8 种能发光。可是它们都是瞎子，并不知道自己会发光！这些马陆大约有 4 厘米长，分布在美国加利福尼亚州的山区。荧光马陆生活在世界上最大的一些树——红杉树之间。红杉树的树干直径可以达到 9 米，高度可以超过 110 米。荧光马陆在黑暗中能从身体中发出很亮的深蓝色光，你如果在山中露营，还能借它的光来读书！

荧光马陆的死敌是
南食蝗鼠。这些老鼠在
夜间狩猎，非常喜欢吃
荧光马陆。

有趣的
事实

发光的奥秘

你能想到失明的马陆发光的原因吗？荧光马陆不可能是为了彼此交流，或是为了找到路，因为它看不见。科学家认为这种光能预防天敌攻击。为了弄清楚这一点，科学家设计了一个巧妙的实验：收集 100 多只荧光马陆，把一半涂上黑漆。再制作相同数量的假马陆，一半涂上能发光的漆。然后把这些真假马陆留在户外过夜，观察它们受天敌的攻击情况。科学家发现，不发光的马陆，无论真假，受到攻击的次数都是发光的马陆的两倍多。

★ 夜间警告 ★

很多有毒的马陆体色都很鲜艳，那是一种警戒色，是在警告天敌。荧光马陆也会分泌致命的毒素，但它主要在夜间活动，天敌看不见警戒色，而发光起到了警告作用。

彩色樱桃千足虫

彩色樱桃千足虫很特别，因为它们五颜六色的，并不是都一个样。它大约和你的拇指一样大，比任何其他已知的马陆颜色更丰富，身体呈明亮的橙色、黄色、红色和黑色等。它们是 2017 年在美国弗吉尼亚州西南部的山区被发现的。

鲜艳的体色很危险！

彩色樱桃千足虫的体色是对附近天敌发出的强烈警告。它身体外面覆盖着一种物质，能产生致命的氰化氢气体。许多马陆可以产生氰化氢，但其强度远不及彩色樱桃千足虫。一只彩色樱桃千足虫产生的氰化氢就能杀死 18 只鸟！

浸毒的箭

在过去，来自墨西哥中部的土著居民会把致命的马陆磨成粉末，作为毒药抹在箭头上。

你知道吗？

警戒色是指动物用明亮的体色对天敌起到一种威慑和警告的作用。不过，某些狡猾的马陆自己虽然没有非常有效的防御能力，却能模仿这些警戒色，伪装成致命的马陆。这样天敌就会避开它们！

名字有什么含义？

彩色樱桃千足虫的种名 *polychroma* 是"多种颜色"的意思，俗名中"樱桃"指它能释放出樱桃味的化学物质。

"臭味"相投

致命的气味是马陆的常见武器。有些马陆会从身体两侧渗出难闻的黏液，另一些马陆则能将毒素喷射到 50 厘米之外！彩色樱桃千足虫并不是唯一靠产生化学物质来防御的马陆。它的近亲黄斑马陆也释放氰化氢作为防御。这家伙在受到威胁时闻起来有一股烤杏仁的味道。

放臭气的古马陆

4 亿年前古马陆就已经能制造"化学武器"了！科学家发现一些古马陆的化石有驱拒腺。现代马陆的驱拒腺位于身体两侧，能释放化学物质。这意味着古马陆可能也会从驱拒腺里释放出致命的臭气。

嗅觉神探科学家

有些马陆比其他马陆更臭。研究马陆的科学家拥有训练有素的嗅觉，能通过气味分辨出马陆的类型！

致命果派
大甩卖！

有不怕
致命臭味的！

氰化氢对大多数动物都是致命的，这让人们一度认为马陆释放氰化氢也会毒死它们自己。科学家后来发现，它们对自身的毒素有免疫力。哟！这是一种很好的防御手段，目前还没有发现多少能抵御氰化氢的掠食者。在所有甲虫中，只有美国加利福尼亚州的一种吃马陆的甲虫不怕这种致命的化学物质。这种甲虫只有马陆的五分之一大。

素 毒 昏

非洲巨马陆

非洲巨马陆膀大腰圆，从远处看很容易被误认为是蛇！它黑色的身体长 32 厘米，有 200 多条腿，是地球上最大的马陆。它生活在东非的热带雨林和沿海地区，也有人把它当宠物养。它寿命很长，能活到 7 岁。它整天待在洞穴里或躲在岩石下。而到了凉爽的夜晚，它就出来寻找腐烂的植物吃。

友好的螨虫

马陆的朋友外形大小各异，非洲巨马陆最好的朋友是小螨虫。这些螨虫在马陆的身上靠近腿顶端的地方安全栖息。螨虫吃马陆身上堆积的黏稠物，给马陆清洁身体。当螨虫察觉到危险时，它们就躲在马陆的腿下。

可爱的宠物

科学家认为马陆在节肢动物界性格温顺，行动缓慢，非常友好！

难怪世界很多地方的人把非洲巨马陆当宠物养。这个大块头很容易照顾，它只需要一个温暖的饲养箱和一些零食，用冰箱里吃剩下的水果和蔬菜就能喂养，甚至不需要水，因为它能从食物中获取所需的水分。

躲远点儿，
否则臭死你！

非洲巨马陆是许多鸟类和爬行动物心中的美味小点心哦！但如果这些天敌靠得太近，这种大马陆会迅速将自己紧紧地蜷成小圆圈。它还能分泌一种棕色的臭液，而且味道很可怕！

塞舌尔马陆

有些动物很奇特，不但不怕马陆的毒素，还喜欢这种毒素呢！

在马达加斯加的热带岛屿上有个神奇的地方，居着一群狐猴，它们有着长的尾巴，就像猴子和大猩猩的亲戚。狐猴和一种塞舌尔马陆（倍足纲异马陆科）成了朋友。这种有毒的马陆有几厘米长，身上黑黑的，还有一道道红色的条纹。红额美狐猴喜欢拿塞舌尔马陆给自己的身体搓痒！而黑美狐猴喜欢尝这些小马陆的毒液味道！

超级有趣的怪事

2016 年，科学家发现了一件超级有趣的事情：红额美狐猴在森林里收集塞舌尔马陆，把它们放在自己的身体上搓、咀嚼，然后继续搓搓搓！有时搓完还会把这些小马陆吞掉！

不吃，只是逗着玩！

马陆要小心的不仅有红额美狐猴，还有黑美狐猴。黑美狐猴总是找马陆，不吃，只是逗着玩！它把马陆放在嘴里轻轻地嗑一下，让它分泌毒液。然后它还把毒液擦遍全身，驱赶蚊子。最后，狐猴会把马陆放走。

狐猴拿马陆给自己治病

马陆释放的一种毒液恰好是一种天然的驱虫剂。科学家认为，红额美狐猴是在利用马陆来清除体内寄生的蛔虫。我们人类可以去看医生，而它们只能用自然的方法解决。

苔藓马陆

苔藓马陆是伪装大师！多年来一直没有引起人们的注意。它是在 2010 年的一次科学考察中被学生首次发现的。它生活在满是苔藓的南美洲哥伦比亚热带雨林中，体色与环境融为一体。苔藓是一种靠近地面一簇簇生长的植物。苔藓马陆很像苔藓，并且用苔藓遮盖自己，可以躲避如昆虫、蝎子等天敌的捕食。

动物与植物的共生关系

苔藓和苔藓马陆从共生关系中都受益了。苔藓马陆有了很好的掩护，而苔藓也借马陆将种子传播到了远方。

你知道吗？

哥伦比亚是世界上生物多样性居第二位的国家，仅次于巴西。截至 2023 年 5 月，该国境内已登记的鸟类共有 1500 多种，在鸟类多样性方面居全球第一。该国在植物、两栖动物、淡水鱼等物种多样性方面也名列世界前茅。

神秘的绿色小家伙

苔藓马陆是唯一体表生长植物的马陆，它的体表大约有10种不同的植物。有的体表甚至拥有400多种植物！科学家至今仍在努力探索这种神秘的马陆。迄今为止，只发现了18只苔藓马陆。科学家还不确定这种马陆吃什么，如何交配。

粉红氰化千足虫

红龙（龙马陆属）

这种神奇的节肢动物真的与众不同，不仅仅是因为它亮粉色的身体！亮粉色在自然界中是一种不常见的颜色，难怪它叫粉红氰化千足虫，又叫红龙。令人震惊的不仅是它的颜色和形状，还有就是人们直到2007年才发现它！这种独特的马陆长约3厘米，生活在泰国北部的森林里。

有趣的事实

东南亚至少有29种龙马陆。它们太多都跟红龙一样，身体都带刺，颜色鲜艳。

"红颜"薄命

科学家在一次探险中发现了一只红龙的尸体，将其带到一家博物馆里，存放在了乙醇里。但10个月后，他们发现红龙的粉红色褪成了褐色，不再艳丽了！

榜上有名！

每年一个国际专家小组都会列出十大新生物。2008年，红龙榜上有名！

粉红的 力量

红龙很大胆，整天待在开阔的地面上，天敌一眼就能看见！其实这家伙想故意引起注意，当受到威胁时，它会释放一种有害的毒素。虽然它粉嘟嘟的，看着很漂亮，但天敌认为这是危险的警告，只能放弃猎食。

名字有什么含义？

这种生物的种名 *purpurosea* 意思是"紫粉色"。

毛马陆

并不是所有的马陆都靠产生恶臭的毒素来躲避天敌，比如一些北美的毛马陆。这种 2 毫米长的马陆比许多蚂蚁都要小，而蚂蚁正是马陆最可怕的天敌，能成群结队地攻击它们。幸运的是毛马陆有一个特殊的臀部，能抵御蚂蚁的攻击。

放马过来吧！

毛马陆凭借屁股上的很多刚毛，能连续不断地对抗成群的蚂蚁，而且不会临阵脱逃。

去你的！

如果一只蚂蚁靠近毛马陆，毛马陆就会挺起腰板，展示出臀部的刚毛，好像在说："不许碰！"如果蚂蚁忽视了警告，很快它就会发现自己陷入一团坚硬的刚毛中。

想吃我，你想都别想！

扎蚂蚁脸的刚毛

如果一只蚂蚁敢靠近这种马陆，很快就会满脸扎满刚毛！

毛马陆的臀部伸出来各种各样的刚毛。刚毛末端有自由活动的小钩子。如果有蚂蚁攻击，毛马陆就迅速旋转，让屁股靠近蚂蚁的脸。蚂蚁身上都是细小的毛发，而毛马陆的钩状刚毛很容易和它们缠在一起。蚂蚁越挣扎，缠得就越紧！有的蚂蚁最后被缠死。

刚毛掉了还会再长

毛马陆的刚毛如果掉光了，在蜕皮时能重新长出来。如果毛马陆掉光了所有的刚毛，离换毛期还很早，就可以提前换毛，其目的只是为了补充身体供应。

词汇表

螯肢
蛛形纲动物特殊的口器。蜘蛛主要用它撕碎和刺穿猎物，而其他蛛形纲动物用它来吐丝，转移精子，甚至发声。

哺乳动物
一个很广泛的动物类别。有些会走路，有些会游泳，有些会飞，食性从食肉到食草各不相同，但也有一些共同特征：有茸毛或皮毛，用乳汁喂养幼崽，而且都是温血动物。

触肢
触肢是蛛形纲动物的特殊附肢。蝎子的触肢是爪子尖，无鞭蝎的触肢又长又有刺。蜘蛛的触肢像手臂，常在进食时感知、触摸、品尝和抓牢猎物。触肢也能辅助蛛形纲动物织网或进行交配。

单性生殖
指雌性在不与雄性交配的情况下繁殖的现象。

琥珀
一棵树上的树脂变成化石的状态。有时琥珀中会保存植物和动物。

呼吸孔
一些动物，如蜘蛛、蜱虫、蜈蚣和马陆，在外骨骼上有呼吸孔，用于呼吸。

化石
保存在岩石中的史前动物或植物的遗骸或遗址。

寄生虫
寄居在另一物种的生物体上的生物。提供食物、栖息地等生存条件的生物体被称为"宿主"。寄生虫会对宿主造成伤害。

节肢动物
它们是无脊椎动物，是动物王国中最大的门或类群。昆虫、螃蟹、蜘蛛、蝎子、蜱虫、螨虫、蜈蚣和马陆都是节肢动物。

猎物
被另一种动物猎杀作为食物的动物。

栖息地
动物生活的地方。当一个地区被破坏，比如砍伐树木、建造建筑物、筑坝或疏浚河流，无法适合生活在那里的动物生存时，栖息地就会丧失。

驱拒腺
在马陆等动物身上，驱拒腺释放化学防御物质，比如臭气。

神经毒素
一种作用于神经系统（神经、大脑和脊柱）的有害物质，会导致瘫痪，有时甚至死亡。

生命周期
指生物从出生到死亡的整个生命周期的历程。

属
生物物种的学名由属名和种名组成。属是一个对具有相似特征的生物群体进行分类的单位。

书肺

　　一些蛛形纲动物用书肺呼吸。书肺由柔软的薄膜层构成，很像书的"书页"。

天敌

　　动物学名词，"天敌"一词通常指的是猎杀其他动物作为食物的动物。寄生虫也是一种天敌。天敌对生态系统平衡至关重要。

同类相食

　　将同类动物作为食物吃掉的行为。

吐丝器

　　蜘蛛和一些昆虫产丝的器官。

蜕皮

　　动物脱去自己外皮的过程。以节肢动物为例，当动物长大时，外骨骼就会脱落并重新长出来。

外雌器

　　位于雌蛛身体的底部，雌蛛用外雌器收集雄蛛的精子并产卵。外雌器在外观上各不相同，通常被科学家用来识别蜘蛛种类。

外骨骼

　　一些动物体表覆盖的坚硬外壳，用来支撑和保护身体。所有的昆虫和甲壳类动物都有外骨骼，长在身体的外面。

伪装

　　伪装是指动物与周围环境融为一体。

无脊椎动物

　　无脊椎动物没有脊骨，要么有黏稠的、海绵状的身体，要么有外骨骼。无脊椎动物占动物总种类的95%。

物种

　　生物物种的学名由一个属和一个种的名称组成。一个物种是一群能够一起繁殖的相似生物。

信息素

　　一些动物产生的化学气味分子，可以吸引异性。

夜行动物

　　夜行动物在夜间活动，白天休息。

蛛形纲动物

　　它们有外骨骼，8条有关节的腿，身体分为两部分：头胸部和腹部。不像昆虫，它们没有翅膀。蜘蛛、盲蛛、蝎子、伪蝎、蜱虫和螨虫都是蛛形纲动物。

紫外线

　　简称 UV，是一种在阳光中发现的光，也会被月球反射。人类看不见紫外线。

蒂姆·弗兰纳里

《纽约时报》畅销书作家、哺乳动物学家、古生物学家、探险家。他穷尽一生周游世界，研究不同种类的动物。他经历了一些不可思议的冒险——包括挖掘恐龙骨头，沿着鳄鱼、巨蟒出没的河流漂流！他发现了75种全新的动物。他以澳大利亚和世界各地的博物馆和大学为家，甚至曾经在美国自然历史博物馆过夜。2007年，他被评为澳大利亚年度人物。他曾获新南威尔士皇家动物学学会颁发的怀特利图书奖、澳大利亚文学研究基金会普里斯特利奖、科琳国际文学奖以及兰南基金会颁发的兰南文学终身成就奖等奖项。他写作的儿童读物也颇受欢迎，曾获得2020年度澳大利亚儿童文学环境奖并登上各类排行榜第一名，版权也售至北美、荷兰、韩国、俄罗斯、中国、日本和捷克等国家与地区。

埃玛·弗兰纳里

科学家、作家，蒂姆·弗兰纳里的女儿。她从小深受父亲的影响，喜欢在全球旅行、探索，寻找稀有的化石、动物和植物，在地质学、化学和古生物学研究方面颇有建树。她曾在大学、博物馆工作。她是科学生活策展服务机构 Museophilliac 的联合创始人。她的科学作品极具感染力，非常符合青少年和成人的阅读品位。她希望继续制作更有趣、更接地气的科学交流节目。主要童书作品有《当心我厉害的样子：奇妙的节肢动物》《当心我厉害的样子：奇怪的远古异兽》等。

插画家。澳大利亚皇家墨尔本理工大学绘画专业美术学士，维多利亚艺术学院戏剧艺术硕士。从事过戏剧设计、服装设计等工作。擅长绘制有关水的景观，既精美大气、独具魅力，又特别治愈心灵，激发潜在的想象力。主要童书作品有《当心我厉害的样子：奇妙的节肢动物》《给孩子的马百科》等。

杰茜·薇洛·塔克

图书在版编目（CIP）数据

奇妙的节肢动物 / （澳）蒂姆·弗兰纳里 (Tim Flannery)，（澳）埃玛·弗兰纳里 (Emma Flannery) 著；（澳）杰茜·薇洛·塔克 (Jessie Willow Tucker) 绘；鲁军虎译 . —— 北京：光明日报出版社，2024.4

（当心我厉害的样子）

书名原文：Explore Your World: Creepiest Crawly Critters

ISBN 978-7-5194-7905-3

Ⅰ . ①奇… Ⅱ . ①蒂… ②埃… ③杰… ④鲁… Ⅲ . ①节肢动物—儿童读物 Ⅳ . ① Q959.22-49

中国国家版本馆 CIP 数据核字 (2024) 第 071820 号

Original Title - Explore Your World: Creepiest Crawly Critters
Text copyright © 2022 Tim Flannery and Emma Flannery
Illustrations copyright © 2022 Jessie Willow Tucker
Design copyright © 2022 Hardie Grant Children's Publishing
First published in Australia by Hardie Grant Children's Publishing

北京市版权局著作权合同登记：图字 01-2024-0108

奇妙的节肢动物
QIMIAO DE JIEZHI-DONGWU

著　　者：〔澳〕蒂姆·弗兰纳里（Tim Flannery）　〔澳〕埃玛·弗兰纳里（Emma Flannery）

绘　　者：〔澳〕杰茜·薇洛·塔克（Jessie Willow Tucker）

译　　者：鲁军虎

责任编辑：徐　蔚　　　　　　　　　　责任校对：孙　展

特约编辑：滑胜亮　　　　　　　　　　责任印制：曹　诤

封面设计：万　聪

出版发行：光明日报出版社

地　　址：北京市西城区永安路 106 号，100050

电　　话：010-63169890（咨询），010-63131930（邮购）

传　　真：010-63131930

网　　址：http://book.gmw.cn

E - mail：gmrbcbs@gmw.cn

法律顾问：北京市兰台律师事务所龚柳方律师

印　　刷：河北朗祥印刷有限公司

装　　订：河北朗祥印刷有限公司

本书如有破损、缺页、装订错误，请与本社联系调换，电话：010-63131930

开　　本：190mm×254mm　　　　　　　印　　张：14.75

字　　数：233 千字

版　　次：2024 年 4 月第 1 版

印　　次：2024 年 4 月第 1 次印刷

书　　号：978-7-5194-7905-3

定　　价：88.00 元